大家小书

新建筑与流派

童寯 著

北京出版集团公司
北京出版社

图书在版编目（CIP）数据

新建筑与流派 / 童寯著 . — 北京：北京出版社，2016.7
（大家小书）
ISBN 978-7-200-12010-3

Ⅰ. ①新… Ⅱ. ①童… Ⅲ. ①建筑流派—研究 Ⅳ. ①TU-86

中国版本图书馆CIP数据核字（2016）第064965号

总策划：安 东　高立志　　责任编辑：王忠波

· 大家小书 ·

新建筑与流派
XIN JIANZHU YU LIUPAI
童寯 著
*
北 京 出 版 集 团 公 司
北 京 出 版 社　　出版
（北京北三环中路6号　邮政编码：100120）
网　　址：www.bph.com.cn
北 京 出 版 集 团 公 司 总 发 行
新 华 书 店 经 销
北京华联印刷有限公司印刷
*
880毫米×1230毫米　32开本　9.375印张　160千字
2016年7月第1版　2022年11月第4次印刷
ISBN 978-7-200-12010-3
定价：36.00元
质量监督电话：010-58572393

序　言

袁行霈

"大家小书",是一个很俏皮的名称。此所谓"大家",包括两方面的含义:一、书的作者是大家;二、书是写给大家看的,是大家的读物。所谓"小书"者,只是就其篇幅而言,篇幅显得小一些罢了。若论学术性则不但不轻,有些倒是相当重。其实,篇幅大小也是相对的,一部书十万字,在今天的印刷条件下,似乎算小书,若在老子、孔子的时代,又何尝就小呢?

编辑这套丛书,有一个用意就是节省读者的时间,让读者在较短的时间内获得较多的知识。在信息爆炸的时代,人们要学的东西太多了。补习,遂成为经常的需要。如果不善于补习,东抓一把,西抓一把,今天补这,明天补那,效果未必很好。如果把读书当成吃补药,还会失去读书时应有的那份从容和快乐。这套丛书每本的篇幅都小,读者即使细细地阅读慢慢地体味，也花不了多少时间，可以充分享受读书的乐趣。如果把它们当成补药来吃也行，剂量小，吃起来方便，消化起来也容易。

我们还有一个用意，就是想做一点文化积累的工作。把那些经过时间考验的、读者认同的著作，搜集到一起印刷出版，使之不至于泯没。有些书曾经畅销一时，但现在已经不容易得到；有些书当时或许没有引起很多人注意，但时间证明它们价值不菲。这两类书都需要挖掘出来，让它们重现光芒。科技类的图书偏重实用，一过时就不会有太多读者了，除了研究科技史的人还要用到之外。人文科学则不然，有许多书是常读常新的。然而，这套丛书也不都是旧书的重版，我们也想请一些著名的学者新写一些学术性和普及性兼备的小书，以满足读者日益增长的需求。

"大家小书"的开本不大，读者可以揣进衣兜里，随时随地掏出来读上几页。在路边等人的时候，在排队买戏票的时候，在车上、在公园里，都可以读。这样的读者多了，会为社会增添一些文化的色彩和学习的气氛，岂不是一件好事吗？

"大家小书"出版在即，出版社同志命我撰序说明原委。既然这套丛书标示书之小，序言当然也应以短小为宜。该说的都说了，就此搁笔吧。

导　读

童　明

在东南大学中大院，童寯先生给人们所留下的永久记忆似乎就是在一楼阅览室里的某个固定座位，以及作为青年教师和学生查找资料研究问题所使用的索引卡片。从20世纪50—80年代，如果没有什么特别原因，老先生必定如同一只标准座钟那样，每天早晨7点准时离家步行前往学校，端坐于阅览室的同一个位置上，埋头读书摘记。

然而，大概很少有人知道，这位令人感到生性孤僻，寡言少语的老者，当时经年累月所从事的资料收集和整理工作究竟是什么，那些存放于资料室中的小卡片上所记录的内容究竟是什么。如果与本书的内容对照起来看，读者就不难发现，他当时所做的这些文献摘抄的主要部分，就是长达数十年对于世界近现代建筑的持续性研究。

追根溯源，这项工作大致起始于1930年的欧洲之旅。正是在那一年，童寯先生已经从当时美国最富盛誉的宾夕法尼亚大学建筑学院毕业两年，在费城及纽约分别工作一段时间后，转道欧洲回到国内，前往刚刚创办的东北大学建筑系任教。

从他为此次为期4个月的欧洲旅行所做的准备工作中可以看到，童寯先生显然已经开始关注刚刚处在萌发状态的现代主义建筑浪潮。尽管不是特别明确，在所安排的经典建筑参观行程之外，童寯先生在笔记中已经添加了布鲁塞尔、法兰克福、斯图加特等地的一些现代建筑。就在那时，欧洲和北美一些城市刚刚兴起的新建筑思潮正在广泛产生影响，例如，在此前的1927年，德国斯图加特刚刚举办过魏森霍夫住宅展，远在纽约刚刚成立的现代艺术博物馆（MoMA）年轻馆长阿尔弗雷德·巴尔（Alfred Barr）正在组织亨利·希区柯克（Henry-Russell Hitchcock）和菲利普·约翰逊（Philip Johnson）前往欧洲收集整理现代建筑，为两年后在现代艺术博物馆举办的影响深远的国际风格（International Style）建筑展做准备……很显然，即便当时现代主义建筑作为一个整体在理论层面上仍然尚未完全成形，但在实践领域的成就已经对现实世界产生了深刻的影响。

从童寯先生后来所遗留下来的旅欧日记可以看出，他不仅对古典建筑如数家珍，而且对现代建筑的潮流也十分熟悉，例如他在巴黎曾去观看玻璃穹顶的大皇宫，在布鲁塞尔计划参观霍夫曼设计的斯托克莱宫，在斯图加特描绘门德尔森的肖肯百货大楼，在杜塞尔多夫参观"几座欧洲最好的现代建筑"，在法兰克福偶遇格罗皮乌斯的现代建筑展览……同时令人颇感惊奇的是，他在沿途所参观的班贝格海因里希教堂、比肯多夫圣三王教堂、乌尔姆天主教城市教堂，这些未曾在主流建筑史上出现过的建筑即使在今天看来，都是如此令人感动和震撼。

途中所遇一次次的现代展览经常令他眼界大开，而旅程之前的精心准备也预埋了伏笔，使他一开始就对刚刚萌发的现代建筑充满了憧憬之情，如有可能就会不惜绕道，前往一看究竟，并在文字中不吝赞美之词。而原先计划中的罗马、庞贝、西西里也在随后的旅途中悄然消失，此时能够打动他的已经不完全是经典建筑了。

这一经历深刻影响了童寯先生回国后在华盖建筑师事务所的创作态度。1931年九一八事变后，当他从沈阳来到上海参加组建华盖建筑师事务所时，就曾经与其两位搭档约定拒绝使用大屋顶，力图成为一名"求新派"。这样一位后来被称为老夫子的严谨学者，此时的举动并不是对中国传统文化的排斥，而是对一种幼稚的简单化的拒绝。童寯先生在华盖建筑师事务所中所参加的第一个设计项目是南京外交部大楼，落成后的外交部大楼造价经济、功能合理、造型庄重、比例匀称，突破了当时呆板的古典模仿手法，通过将传统民族风格进行简化和提炼，做出了创造现代民族风格的可贵尝试，成为现代民族风格建筑的杰出案例。

在随后的南京下关首都电厂、上海大上海大戏院、南京首都饭店、首都地质矿产陈列馆等项目中，童寯先生的建筑设计更是以一种全新开放的姿态对待每一个构思的整合，每一个节点的处理。抗日战争胜利后他在南京主持设计建造的公路总局、航空工业局、美军顾问团公寓等一批作品则更加体现出与当时国际潮流相平行的建筑风格，这些作品在现代建筑史中占有重要的地位，并产生了深远的影响。

在这样的时代背景中，由于功底扎实，学识渊博，童寯对于建筑风格的评判并不以单一的民族文化特征为标准，而是在一个更高的层面上进行探讨。他所关心的是"如何在中国创造按外国方式设计与建造，而又具有'乡土'外貌的建筑，正是一个令中国建筑师大伤脑筋的问题"。同时他也很乐观地认为："我相信中国旧式建筑制度，会在世界上发扬光大，直有如目下吉普车，在任何地方都风行一样。"

1945年抗战胜利后，童寯先生在主持华盖在南京的事务所的同时，也在当时的中央大学、后来的南京工学院建筑系任教。可想而知，他必定不会仅仅停留于常规建筑设计技能方面的教学，同时也会关注当时在二战后正在欧美迅猛发展的现代主义建筑浪潮。

虽然难以再次前往欧美实地考察，但是其长子童诗白正在美国康奈尔大学留学，童寯先生给他发去一份长长的书单，其中就包括当时刚刚出版的，由吉迪翁（Sigfried Giedion）撰写的《空间、时间与建筑》（*Space, Time and Architecture*）。由此，在随后漫长而恶劣的"文革"环境中，童寯先生仍然从不间断，只要条件许可，就投入到对于现代建筑的研究与梳理之中。

1978年，当中国从漫长的"文革"环境中苏醒过来时，童寯先生积攒多年的成果就以《新建筑与流派》的简本方式出版了。这本汇集几十年资料而成的、凝聚着数十年研究经历的著作应该是中国近代最初针对西方现代建筑进行系统性研究的成果之一。此书本应以更为厚实的方式进行出版，因为早在1964年，在童寯先生的笔记手稿中，它的雏形即已经按照卡片形式整理而来的"近百年新建筑代表作"大致形成了。

然而此书的最终形式并非是一种鸿篇巨制，文字的写作风格有如童寯先生的品格，凝重而洗练。其原因一方面是因为童寯先生的写作方式，按照他的习惯，有时收集资料再多，但如果不能构成文章所必需的数量和质量要求时,就会从不吝啬,悉数付丙。他要求写文应像"拍电报一样简练",他的钢笔字又密又小,有些地方还加粘贴、挖补……这使得他的手稿只要不发表,就会不时改了再抄,抄了再改,从而达到了高度的浓缩。

另一方面,在书中,为了客观而有效地向中国读者介绍这一新兴领域,童寯先生也有意地屏蔽了自己的一些个人见解。然而在他自己的笔记中,他曾经以"文革"时期思想交代的方式,非常生动地提到了他对于西方现代建筑的个人解析:

1. 自19世纪起,设计和结构分为两个摊子,建筑艺术和工程技术分工,导致西方,尤其是巴黎艺院,在设计专业教学上重视美观轻视结构的倾向,强调艺术,脱离实际,造成极大危害。

2. 西方豪华住宅中,劳动人民工作(如厨房)食宿处与资产阶级主人用房距离很远,而划分两种不可调和的阶级界限。主人扶梯之外,还设服务扶梯。美国实行种族隔离,公寓有黑人自用走廊、自用扶梯和出入口。

3. 西方建筑刊物中很少提到建筑经济问题。投资越多,利润越高,因为节约等于自挖墙脚。刊物也极少建筑批评。一批评则牵涉法律上人身攻击等条款而导致诉讼赔偿损失问题,因而极端审慎。

4. 西方今天有几个建筑"大师",都具有世界性影响。他们各有各的哲学,有顽强信心。他们服务对象大多数是百万富翁或政府机关,对经济问题如造价等从未伤过脑筋。大师之一密斯有名言"少就是多",即以少胜多,以简洁取胜。简化意味着经济省钱,而他的"简化"反而费钱。

5. 西方建筑结构,并不完全实事求是,尤其在立面处理上,有些是为虚做假,几根支柱是为追求美观而加上去的,并无支撑作用。古典的靠墙"依柱",没有承重作用,是明显例子。某教堂用砖砌承重墙,外面再包石墙,砖块是照承重错缝而不照合理的贴面划缝。

然而除开由于政治因素所带来的压力,童寯先生对于现代建筑的姿态一向是极为开放而欢迎的。在本书的前言中,童寯先生以极其简略的话语和评价,指出了西方现代建筑研究对于中国建筑界的意义,他认为在工业革命之后,"科学技术对建筑工程的设计和风格起无可避免的影响。由于用相同技术、相同材料,服从于相同功能,建筑物很自然会出现类似面貌;但另一方面,全世界划分为许多不同国家,处于不同气候地带、各具不同经济条件这一事实,难道对建筑风格不发生一点影响吗?"

其实童寯先生在本书中,就已经在思考如何能够跨越隔阂,走出中国自己的现代主义建筑之路。他认为当代的建筑设计应当洋为中用,本来由西方传入的建筑技术,如果经过"运用、改进、再制,习以为常,就变成自己的了"。在前言中他争辩道:"西方仍然有用木、石、砖、瓦传统材料设计成为具有新建筑风格的实例,日本近30年来更不乏通过钢筋水泥表达传统精神的设计创作,为什么我们不能用秦砖汉瓦产生中华民族自己风格?西方建筑家有的能引用老庄哲学、宋画理论打开设计思路,我们就不能利用固有传统文化充实自己的建筑哲学吗?"

这种言论实际上也是童寯先生针对当时国内的一些理论思潮有感而发,因为无论在30年代还是50年代,中国建筑界都曾经针对中国自己的现在建筑风格发生过争论,许多建筑创作曾以大屋顶作为民族形式的尝试,但由于经济问题而难以为继。或者也曾经出现过另外一种完全照搬照抄的现象,以致尽管有些建筑物建在中国,但与国外建筑面貌看起来没什么两样。

童寯先生潜在地认为,关于这些问题没有简单的答案。对于西方现代主义建筑的认知与学习，则可以为此作答提供准备。任何创作都不可能一蹴而就，而是需要经过一段时间探测摸索才能得来。因此他对于本书的效果也提出了提前性的预告："如果认为看完一些资料就能下笔，乃是天真想法。若读毕这份刍荛之献以后，仍觉夙夜彷徨，走投无路，感到所做方案，是非理想，比未读之前提出更多疑问，尚待进一步钻研，那这书的目的就达到了。"

《新建筑与流派》最早由中国建筑工业出版社于1977年出版，曾经成为许多建筑学人的启蒙读物。尽管近年来，随着大量西方著作的不断翻译出版，有关现代建筑的历史已经不再是一种稀缺知识。但此书本身即作为一部历史，而且是从童寯先生特有视角所编撰的一部有关西方现代建筑的简明历史。

此次再版是在中国建筑工业出版社1977年版本的基础上修订而成，并且对照原稿进行了一些审慎的修改，例如当时童寯先生的一些人名、地名的译法已经按照今日习惯进行了调整，以便既可以保留原文风格和特点，又能够与时下的学科规则相吻合。

2016年3月

目 录

- 001 / 前言
- 005 / I 工业革命后的欧洲
- 006 / 1. 水晶宫
- 009 / 2. 拉斯金
- 010 / 3. 森佩尔
- 011 / 4. 科尔
- 011 / 5. 莫里斯
- 012 / 6. 红屋
- 012 / 7. 工艺美术运动
- 015 / 8. 二十人社
- 015 / 9. 霍塔
- 017 / 10. 新艺术运动
- 017 / 11. 芝加哥学派
- 020 / 12. 詹尼

020	/	13. 沙利文
021	/	14. 有机建筑
026	/ Ⅱ	20世纪新建筑早期
026	/	15. 凡·德·维尔德
028	/	16. 格拉斯哥学派
028	/	17. 麦金陶什
029	/	18. 高迪
031	/	19. 贝尔拉格
033	/	20. 阿姆斯特丹学派
033	/	21. 瓦格纳
034	/	22. 维也纳学派
036	/	23. 奥尔布里希
036	/	24. 分离派
037	/	25. 霍夫曼
039	/	26. 路斯
041	/	27. 赖特
043	/	28. 草原式
046	/	29. 罗比住宅
048	/	30. 流水别墅
052	/	31. 古根海姆博物馆

053	/	32. 雷蒙德
054	/	33. 诺伊特拉
056	/	34. 德意志制造联盟
058	/	35. AEG 透平机制造车间
060	/	36. 表现主义
060	/	37. 立体主义
061	/	38. 柏林学派
061	/	39. 造型社
061	/	40. 柏林圈
062	/	41. 法古斯鞋楦厂
066	/	42. 格罗皮乌斯
067	/	43. 包豪斯
075	/	44. 密斯
086	/	45. 未来主义
090	/ Ⅲ	第一次世界大战后
090	/	46. 风格派
092	/	47. 鹿特丹学派
094	/	48. 贾柏
094	/	49. 构成主义
095	/	50. 李西茨基

108	/	51. 日内瓦国联总部建筑方案
116	/	52. 国际新建筑会议 CIAM
117	/	53.《雅典宪章》
119	/	54. 新建筑研究组 MARS
120	/	55. 泰克敦技术团
121	/	56. 新艺术家协会
122	/	57. 萨沃伊别墅
127	/	Ⅳ 第二次世界大战后
128	/	58. 联合国总部
130	/	59. 马赛居住单位
135	/	60. 昌迪加尔
147	/	61. 尼迈耶
147	/	62. 巴西利亚
149	/	63. 阿基格拉姆
149	/	64. 斯特林
154	/	Ⅴ 城市规划
155	/	65. 奥斯曼
156	/	66. 霍华德
156	/	67. 花园城

158	/	68. 魏林比
160	/	69. 盖迪斯
160	/	70. 恩温
161	/	71. 阿伯克隆比
162	/	72. 邻里单位
164	/	73. 广亩城市
165	/	74. 埃那尔
165	/	75. 戛涅
166	/	76. 赫伯布莱特
167	/	77. 荷兰城建
168	/	78. 西德城建
169	/	79. 苏联城建
169	/	80. 线型城市
170	/	81. 莫斯科总图
173	/	82. 英国城建
173	/	83. 新城
174	/	84. 卫星城
174	/	85. 法国城建
178	/	86. 道萨迪亚斯

180	/	VI 国际建筑代表者
180	/	87. 阿尔托
183	/	88. 门德尔森
185	/	89. 夏隆
189	/	90. 艾尔曼
189	/	91. 莱斯卡兹
193	/	92. 斯东
193	/	93. 布劳耶
198	/	94. 路易斯·康
198	/	95. 费城学派
198	/	96. 文丘里
201	/	97. 史欧姆
202	/	98. 新建筑后期
202	/	99. 约翰逊
206	/	100. 沙里宁
206	/	101. 山崎实
210	/	102. 鲁道夫
211	/	103. 贝聿铭
211	/	104. 玻璃幕墙
216	/	105. 丹下健三

216 /	106. 新陈代谢派
217 /	107. "代谢后期"
219 /	108. 承重幕墙
224 /	109. 薄壳
224 /	110. 托罗佳
224 /	111. 坎迪拉
229 /	112. 富勒球体网架
234 /	VII 新建筑后期
234 /	113. 纯洁主义
235 /	114. 新塑型主义
237 /	115. 新建筑后期
238 /	116. 新历史主义
239 /	117. 新纯洁主义
240 /	118. 新方言派
240 /	119. 新朴野主义
241 /	120. 建筑期刊
242 /	121. "国际建协"
244 /	122. "蓬皮杜中心"

251 / 创造者的颂歌
——读《新建筑与流派》（郭湖生）

前言

本书对各建筑流派的叙述,以近代、现代的西方建筑为主。在我国建筑事业现代化的过程中,西方建筑发展的经验和教训,值得借鉴参考。

在我国,最早出现的"洋房"是西洋教堂。1299年西方天主教士在元大都(今北京)建教堂三座。1602年澳门"大三巴"教堂建成,今天虽只余残壁石级,却是亚洲大陆仍然存在的巴洛克式最早的建筑遗物。西式工业建筑始自清末"洋务运动"。鸦片战争以后,在租界由外国居民兴造西式公共、工商与居住建筑。1865年清政府在上海设江南制造局,在南京设南京机器局;生产性工业厂房开始用承重砖墙、人字屋架结构。同时,明治维新后的日本也兴建洋房,摒弃传统木构架而采用砖墙人字屋架。但日本从此一直向西方一面倒而中国则除通商口岸以外,建筑仍以大木作平房为主。全国大规模用钢材水泥建设只不过是新中国成立以来二三十年的事,但迄未打破建筑技术的落后局面,建筑风格上有些模仿西方建筑也只能追随西方。有些曾以大屋顶作为民族形式的尝试,但也难以为继,以致尽管有些建筑物建在中国,但与国外建筑面貌看起来没什么两样,这就提出了我国新建筑向何处去的问题。

西方工业革命之后,科学技术对建筑工程的设计和风格起无可避免的影响。由于用相同技术、相同材料,服从于相同功能,建筑物很自然会出现类似面貌;但另一方面,全世界划分为许多不同国家,处于不同气候地带、各具不同经济条件这一事实,难道对建筑风格不发生一点影响吗?西方仍然有用木、石、砖、瓦传统材料设计成为具有新建筑风格的实例,日本近30年来更不乏通过钢筋水泥表达传统精神的设计创作,为什么我们不能用秦砖汉瓦产生中华民族自己风格?西方建筑家有的能引用老庄哲学、宋画理论打开设计思路,我们就不能利用固有传统文化充实自己的建筑哲学吗?

任何创作都不可能一蹴而就,而是经过一段时间探测摸索的准备才能得来。如果认为看完一些资料就能下笔,乃是天真想法。若读毕这份刍荛之献以后,仍觉夙夜彷徨,走投无路,感到所做方案,实非理想,比未读之前提出更多疑问,尚待进一步钻研,那这书的目的就达到了。

我校建筑系摄影师朱家宝、图书室周玉华两同志，供给写作资料，志此致意。

南京工学院建筑研究所　童寯

1978 年 12 月

I 工业革命后的欧洲

西方建筑由希腊罗马到19世纪,经2000多年时间,形式、风格发生过多样变化。一般是按照时代、地区或民族决定建筑式样名称的。它们由于受地理、气候、宗教、社会和历史根源种种影响,各自产生很多特点,以表达时代精神。施工手段则一贯依赖传统材料与手工业方式。人们对此已习以为常,相沿形成有目共睹、经久而值得夸耀的一种文化。

继承18世纪工业革命①,19世纪社会出现新变化,思想的解放,价值观念与科技创造发明,都达到前未曾有的速度与水平。人口突增,交通扩展,促使工商业高度发达,一直持续并

---

① 工业革命主要是机械化。作为制造机器材料的生铁大量生产始自1709年的英国,因此可以把生产生铁的革命作为工业革命的开始怀胎,瓦特(James Watt,1736—1819)取得蒸汽机1769年专利权才是工业革命的一朝分娩。

加强到本世纪而迄无止境。为适应生活与生产需要，出现了各种新类型建筑。由于缺乏历史典型示范，只得创新。恰巧在19世纪中叶前后已经大量生产的钢铁水泥，正好为建筑提供新材料并促进技术革新，使建筑走向具有前所未见的面貌。

1. 水晶宫

工业革命最早的英国，用机器大量生产货物，通过自由贸易政策，使产品行销各地，迅即被称为"全球车间"（Workshop of the World）。为进一步扩大世界贸易，1851年伦敦举办国际博览会[①]，征集各国工业产品，公开展览。

为此须筹建陈列大厅；但因开幕日期紧迫，不得不放弃传统建筑观念而选用园师职业者帕克斯顿（Joseph Paxton, 1803—1865）花房式"水晶宫"（Crystal Palace）应急方

[①] 博览会由法国创始。1791年革命政权宣布工作自由，废除行会（Guilds）束缚工人以后，1798年巴黎首次举办法国工业产品博览会。世界范围博览会只有在贸易自由、交通自由、竞争自由条件下始有可能。1851年伦敦万国博览会是首次。此后每隔十几年在美、法等国继续举办。1904年美国圣路易斯市世界博览会有中国首次参加。

案(图1、图2)。这方案具有"新建筑"①的一些特点如:全用预制构件,现场装配(图3);用陈列架长度(长24英尺的1/3即8英尺或2.4米)作模数,排列柱距;闭幕后全部拆卸在另一地点装配复原。面积7.2万平方米,而支柱截面面积总和只占其千分之一,9个月全部完工。来自世界各地参观的人,当时还未具备接受水晶宫所表现的时代精神的条件,而只异口

图1 伦敦水晶宫

---

① 新建筑(Modern Architecture)的"新",是指"现在""活的";是对旧的、传统古典、折中等式的反义,Moderna一词原出自1460年前后的意大利,指当时出现的早期文艺复兴新建筑风格而由瓦萨里(Giorgio Vasari,1511—1574)确定下来。每一时代都有自己的新建筑。今天所说的新建筑指百年来近代与现代建筑统称。

同声赞扬这铁架玻璃形成的广阔透明空间,不辨内外,目极天际,莫测远近的气氛。这特色是任何传统建筑所达不到的境界。无人不欣赏这一奇观。即远在德国农村的屋壁,也悬挂水晶宫画片。无怪欧洲大陆随后相继举办的博览会,也几乎不例外地采用铁架玻璃做法以解决陈列厅问题。

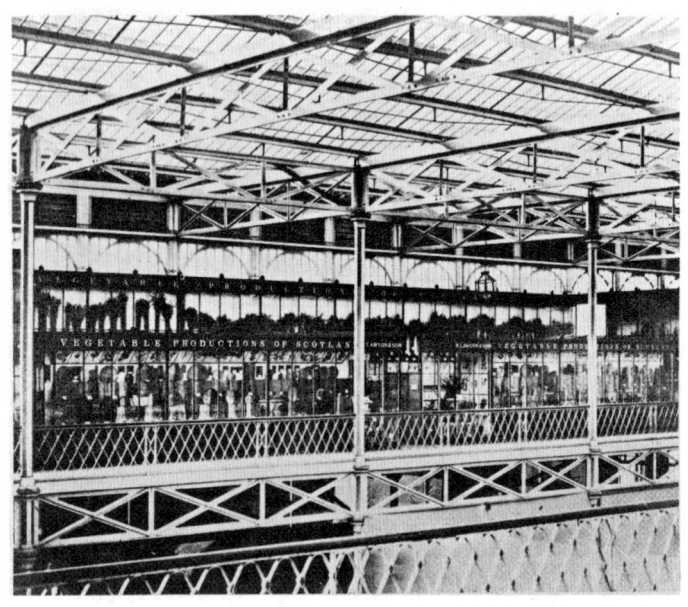

图2　水晶宫内景

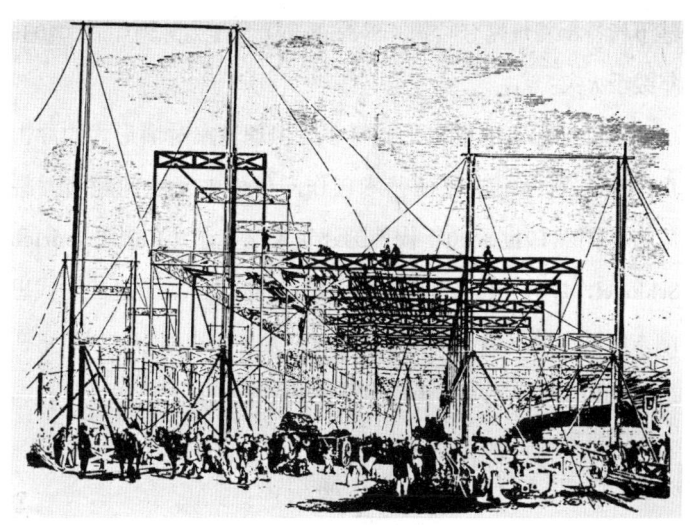

图3 水晶宫预制构件装配情况

2. 拉斯金

但也有人唱反调,如英国散文作家拉斯金(John Ruskin,1819—1900)讽水晶宫不过是特大的花房。也有不从形式立论,而只根据所谓工程标准的计算方法否定水晶宫。当这座玻璃大厅设计方案公布以后,就有预言家说水晶宫将会倒塌,理由是基础不坚,无挡风措施,梁、柱之间连接欠稳固,构架缺乏刚性,又少斜撑等。但水晶宫终于完成使命,于1852年拆迁建于肯特郡新址塞登哈姆（Sydenham）又作为陈列厅后，1936年毁于火灾。

19世纪建筑的复古形式特多，但理论家对旧形式的冲击也不小，到世纪末已使艺术创作向何处去发生问题而面临危机。固然19世纪20年代德国建筑家辛克尔（Karl Friedrich Schinkel，1781—1841）曾做些简化古典的尝试，以适应时代思潮，但堪称世界第一座新建筑的，应是伦敦水晶宫，只是它在造型上和工程技术上尚未被重视甚至遭轻视。

3. 森佩尔

伦敦博览会发起人之一并主持陈列布置者科尔（Henry Cole，1808—1882），作为美术图案家也只醉心于工业产品如何结合艺术问题。独有当时参与水晶宫建设工作的德国建筑理论家森佩尔（Gottfried Semper，1803—1879）①，回到欧陆后

---

① 森佩尔曾受古典教育又到巴黎进修，但却排斥古典主义，在教学岗位上反对行政当局学院派，终于作为参加1846年巴黎革命一激进分子而由德国被逐往英国。1855年后，在瑞士教学，著《建筑技术与艺术风格》（*Der Stil in den Technischen und Archtektonischen Künsten*），书中把英国当时建筑形势介绍于德文读者。他在德、奥设计的建筑包括博物馆与剧院，并曾做维也纳市部分规划。贝尔拉格、瓦格纳都是他的门徒。

把这座大厅作为建筑介绍于公众。

4. 科尔

科尔1847年创设"美术制品厂"（Art Manufacturers），目的是通过机制把产品艺术化。这就使他有资格作为创始博览会一分子。伦敦博览会展品都具有机械化大量生产而又兼仿古风格，但仅有旧时代式样，而乏旧时代那么一股生产热情。千篇一律，呆板无味。

5. 莫里斯

对此，拉斯金和他的信徒诗人、艺术家莫里斯（William Morris，1834—1896）心焉忧之，决意提倡艺术化手工业产品，反对机器制造的产品，强调要古趣盎然，返璞归真。两人蔑视机械文明的狂热程度以表演马车沿铁路与火车赛跑的倒拨时钟闹剧而达到顶点。他们对机器制造的仇视已上升到否定工业革命本身。莫里斯这被恩格斯斥为情感上的空想"社会主义者联盟"组织成员，由衷地主张为人民而属于人民的艺术，用中古时代创作感情来生产19世纪工艺品。殊不料其结果只能把工艺美术与机器对立起来。在建筑方面，他与拉斯金的热爱高直式不同；他的冷淡态度表现于当他21岁时初到一处"新高直"派建筑事务所工作不及一年就感乏味而离职。但对建筑艺术他却比业余爱好者拉斯金有更独到的了解。拉斯金只强调建筑美观一方面，他则把建筑联系到社会以至政治的一切，而看得更远些。他对周围的折中古典建筑感到失望，愿主动示范；于是1859年婚后即着手在肯特郡兴建自用理想家庭别墅，邀观点相同建筑家韦伯（Philip Webb，1831—1915）设计（图4）；自己则着手布置室内装饰陈设。

6. 红屋

住宅命名"红屋"（Red House），红砖红瓦，以有别于传统的石板瓦和灰白色石墙或粉面墙。

7. 工艺美术运动

莫里斯作为手工业热心实践家宣传家，立即开始筹设装饰艺术手工作坊，和一些"拉斐尔前期"（Pre-Raphaelite）画派成员同伙合作，1862年开业，1865年迁伦敦经营，肇"工艺美

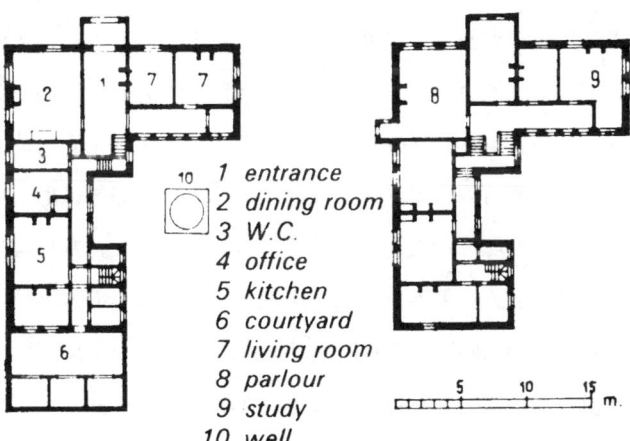

1 entrance
2 dining room
3 W.C.
4 office
5 kitchen
6 courtyard
7 living room
8 parlour
9 study
10 well

图 4 红屋

I 工业革命后的欧洲 / 013

术运动"（Arts and Crafts Movement）的开始。"红屋"不但外观新颖，平面布置也一反均衡对称而只按功能要求做合理安排，打破传统住宅面貌与布局手法，在居住建筑设计合理化上迈出一大步，比美国赖特（Frank Lloyd Wright，1867—1959）的"有机建筑"（见后）早30年。但"红屋"究竟只能反对传统，尚谈不到树立新时代风格，这还有待于下一步运动。

工艺美术运动的影响广泛而深远。以类似名称开设学塾、举办展览的事在英国继续下去；主持人往往是建筑家，颇能进一步发扬甚至修改莫里斯观点，也有主张不反对机制工业品而争取与机制品风格协调；同时也拒绝抄袭古旧样式产品而力求创新，这就隐然为1926年出现的"工业美术设计"（Industrial Design）打下基础。工艺美术运动信徒们在英国接连举办展览直到1888年，同时也在比京布鲁塞尔展出英国手工艺产品。布鲁塞尔是当时先锋画家展览作品的避风港。早在1881年就出现《新美术》周刊（*L'Art Moderne*），发行持续创纪录30年之久。英国手工艺首次经由比利时为欧洲大陆创作思想开路。比利时是当时欧洲大陆工业最发达国家这一事实，也有助于使前进思潮与工艺美术理想的抢先实现。

8. 二十人社

《新美术》周刊成为集结比利时过激派画家"二十人社"（Les XX）的号召动力，展开活动于1884—1893年间；到1894年始被"自由美术协会"（La Libre Esthetique）所取代。先进人物通过展出莫里斯等人作品①，作为工艺美术运动渡入比利时的桥梁和提供新一代创作思想的源泉，然后扩展到巴黎与德国。

9. 霍塔

1893年比京出现欧洲第一座新风格居住建筑，突出地表达装饰。这年霍塔（Victor Horta，1861—1947）设计都灵路一所住宅Hotel Tassel，首次打破古典束缚，尽量避免细长走廊，引进钢铁建筑材料，外观满布曲媚线条与柔和墙面。他的毕生杰作是1897年完成的布鲁塞尔"人民宫"，整个立面都是铁架玻璃窗（图5）。

---

① 1956年英国成立"莫里斯学会"，探索莫里斯在应用艺术装饰方面的成就如糊墙纸之类。

图5 布鲁塞尔人民宫

10. 新艺术运动

这建筑是"社会主义工人联盟"（Union of Socialist Workers）办公总部。霍塔是"新艺术"运动（Art Nouveau）创始人。新艺术是以装饰为重点的个人浪漫主义艺术，兼与工艺美术运动同受高矗派影响，在当时起承前启后作用，又称"二十人社风格派"。"二十人社"首脑毛斯（Octave Maus）是新艺术运动中坚分子。和莫里斯一样，也把自然界花木之类作为图案素材。活动时期始自1887年，持续到19世纪末再延至第一次世界大战前后。

美国1851年参加伦敦万国博览会，展出家具陈设与各样工具，首次使欧洲接触美国产品。观众无不赞扬美洲大陆带来的简洁明了的造型，既无浮饰而又适用，其前途必然会发展为独特的艺术风格，这对欧洲来说是难得的启示。

11. 芝加哥学派

在建筑领域，作为美国最早建筑流派"芝加哥学派"（Chicago School），则也较比利时新艺术运动早14年出现。芝加哥学派作为首次一伙商业建筑设计者，在新生风格尤其在高层建筑造型与结构方式所达到的成就与世界性影响，更是新艺术运动所难与比拟。1837年芝加哥设市以后，人口逐渐增加到30万，房屋建设只有采用应急捷便的"编篮式"[①]同木屋做法。木屋易遭火焚。1871年大火，烧毁市区面积8平方公里。1880年起全力进行重建，随之企业管理大量伸张，城市地价上涨，人口愈益密集。作为对策，投资人采用高层建筑方式以无限增加出租面积。恰在这时就涌现一批迎合投资人意图的建筑家。受到编篮式木架的启发，他们使高层结构依附钢铁框架，铆接梁柱。当然升降机也必不可少[②]。芝加哥学派出名最

---

① 编篮式（Basket Frame）通称气球木架（Balloon Frame），极言其轻；1833年初次用于芝加哥，迅即推广到各地，今占全美住宅构架类型半数以上。做法主要用大量5/10厘米松木方料，先竖起中距40厘米支柱，加钉横条与斜撑；楼、地板搁栅与屋架方料尺寸稍大；柱外钉鱼鳞横板，内做板条粉刷墙面和天花。本是泰勒（Augustine D. Taylor）所发明，也有人不十分肯定地指发明者是斯诺（George W. Snow）。迄19世纪70年代称为"芝加哥构架"（Chicago Construction），正如当时的钢框架也同样呼为"芝加哥结构"。日本70年代开始推行同样木构架称"2×4式"（本来英寸数字），用以建造住宅，法令允许造到三层高度。

② 最早的升降机用蒸汽开动，于1857年安装在纽约，又于1864年安装于芝加哥，本是奥梯斯（E. Otis）所发明。包德温（C. W. Baldwin）发明水力升降机，于1870年安装于芝加哥。电梯到1887年才出现。

早的詹尼(William Le Baron Jenney, 1832—1907)于1879年设计莱特尔7层栈房(Leiter Building)(图6)。

图6 莱特尔栈房

12. 詹尼

外围用砖墩,内部用生铁支柱,立面由墙墩与横梁构成一系列方框,每框内装三扇吊窗,是后来演变成为"芝加哥窗"的原型。1885年他完成"家庭保险公司"10层办公楼,标志芝加哥学派真正开始,是第一座钢铁框架结构,用生铁柱、熟铁梁和钢梁。詹尼1890年又设计当时最高钢框架16层曼哈顿办公楼。他的事务所培养出许多芝加哥学派有名人物,如伯纳姆(Daniel H. Burnham,1846—1912)、鲁特(John Wellborn Root,1850—1891)以及沙利文(Louis H. Sullivan,1856—1924)等。

13. 沙利文

芝加哥学派中坚人物沙利文1881年与艾德勒(Dankmar Adler,1844—1900)合伙,5年后以设计"会堂大厦"(Auditorium Building)而初显身手。这空前大体形建筑包括旅馆、办公用室、剧院3部分;4000余座观众厅音响效果的完美是比现代声学早40年达到的。处理这座首次出现的高层多功能"复体大厦"(Megastructure)引起处理临街面貌问题。通过仿效芝加哥学派"先知"理查森(Henry H. Richardson, 1838—1886) 1885年设计的芝加哥"马歇尔斐尔德"批发商店立面造型得到解决,即从内部分散中谋求外观的统一。沙利文具有超群设计才华,又有一套哲学理论,尤其在高层建筑造型上有他的三段法,即基座部分和最高的出檐阁楼,以及它们之间的很多标准层,用不同形式处理。标准层占立面高度的比重特别大,应直截了当突出其垂直特点,加强边墩。这手法流传很广而且很久。沙利文时代认为装饰是建筑不可或缺的一部分,以他自己作品为突出代表;在这点上,他和同时代的欧洲新艺术学派建筑家没什么不同。

14. 有机建筑

1900年他提出"有机建筑"(Organic Architecture)论点,即整体与细部、形式与功能的有机结合,应如紧握十指抓住实体一样;当然,还要考虑当时社会和技术因素。他常被引用的一句名言是"形式服从功能"(Form follows

Function）[1]。他的代表作有1890年建成的圣路易市9层"维因赖特"办公楼（Wainwright Building），5年后建成的布法罗城13层"保证大厦"（Guaranty Building）（图7，现被列为名迹保存），以及1900年前后陆续扩充的芝加哥12层卡尔森百货楼（Carson，Pirie Scott）（图8），其中"保证大厦"是他实践自己提出的三段法立面典型之一。但到卡尔森百货楼的立面，显得更灵活，不再见竖条而是格子。从这3座每隔5年的作品立面的转变，可以看出他设计思想是随时代演进的；顶峰以"卡尔森"的简洁明确面貌作最高标准，也最能忠实地表达框架结构立面章法。

芝加哥高层建筑也有不用框架而用承重墙结构，这座实例是1889年鲁特设计的"蒙纳德诺"办公楼（Monadnock Building）（图9）。内部全用生铁支柱熟铁横梁。"砖盒"外观无任何装饰；16层高的砖砌承重外墙虽然使开窗面积受到限制，但立面构图看来还比较轻灵。鲁特不但有艺术创作才能，在工程计算方面也由他指导。承重墙底层墙身厚72英寸（1.83

---

[1] 沙利文这话来自格林诺（Horatio Greenough，1805—1852）。格林诺在意大利学习雕刻，深信威尼斯修道士兼建筑学者劳道利（Carlo Lodoli，1690—1761）的建筑功能学说，甚至"有机建筑"这词也可能来自此修道士。沙利文把格林诺功能学说接过来，再传给门徒赖特。

图 7　保证大厦

图 8　卡尔森百货楼

图 9　蒙纳德诺办公楼

米），为防止沉陷最多到0.20米的结构计算，由于墙脚面积偏小以致完工后由1891年到1963年间下沉共0.51米，但幸亏是均匀沉陷。1963年重修一次，迄今仍在为租户使用。作为最早解决高层办公楼设计的芝加哥学派，既创用沉箱式基础以适应土质，树立高层建筑早期造型风格，又给后来旅馆公寓建筑设计留下楷模，在技术、艺术上谋求有机合理的统一，这是对美国以至全世界最宝贵贡献。

1893年芝加哥举办哥伦布博览会。展览建筑除沙利文设计的交通馆，全都由东部如纽约的诸建筑家的折中主义作风所控制；影响所及，使社会的爱好突然转向古色古香的罗马檐柱、板条石膏粉刷假古典。芝加哥学派末日到来了，甚至被讥笑为落后一伙。沙利文慨叹说，"芝加哥博览会造成的灾难，将延续半世纪！"但他在预言黑暗时，却忘记他的门徒、芝加哥学派赖特这颗明星在以后半世纪中振衰起敝作用，从1910年就被欧洲人发现了。

Ⅱ 20世纪新建筑早期

15. 凡·德·维尔德

继霍塔1893年的住宅设计，次年，凡·德·维尔德（Henry van de Velde，1863—1957）首次在比京郊区自用住宅做室内装饰尝试。他虽然是新艺术派，但作风有别于霍塔。尽管他也采用平滑外形，但更简单严肃。他推崇英国工艺美术运动先驱作用是在供给与启发他创作思想以动力，但他也批评莫里斯只不过是以贵族自居而脱离社会。他认为艺术的新生只能从信服地接受机器作用和大量生产的必要来实现；因此在这点上他比莫里斯更具先进思想。新艺术运动影响逐渐波及全欧。1896年芬兰首都赫尔辛基成立民族浪漫艺术学院，以新艺术为样板。沙俄在1898年刊行《艺术界》（*Mir Isskustva*），介绍当时新艺术运动动态，这年凡·德·维尔德也仿照莫里斯做法，自办美术工场，定名为"工业美术建造装饰公司"（Arts d'Industrie, de Construction et d'Ornamentation Van de Velde & Cie），有合伙人三名。1903年他应邀去德国魏玛城主办艺术职业学校（Weimar Kunstgewerbeschule Institut，后改组成为"包豪斯"），并负责建筑校舍。1907年他和"德意志制造联盟"（见后）发生联系，因而1914年在科隆城"德制联盟"展览会场负责一座剧院设计（图10）；外观用大量曲面，无显著装饰。尽管他是把新艺术运动推进到全欧的主要带路人，但他也看到这运动的过渡性。以后，在两次世界大战期间，他的建筑风格逐渐摆脱新艺术而更接近国际形式。

图10　科隆德制联盟展览会剧院

16. 格拉斯哥学派

英国工艺美术运动对欧洲新艺术的诞生有直接作用,这即便是新艺术运动先驱人物也加以肯定。但新艺术在英国本土却遭疑难甚至被斥为一种病态。只有由"格拉斯哥画家集团"(Glasgow Boys)发展成为包括建筑家在内的"格拉斯哥学派"才开始以标榜新艺术而出名。

17. 麦金陶什

成员之一是建筑家麦金陶什(Charles Rennie Mackintosh,1868—1928)。他的代表作格拉斯哥美术学校校舍(Glasgow Art School)(图11,随又扩建,1909年完成),是新艺术作风产物。为迎合英国保守老成观点又不背弃传统观念,曲线弧面被减到最少限度。随后他又在欧洲各地展出室内装饰与家具设计,成为驰名人物,特别在维也纳,很有影响。

图11 格拉斯哥美术学校校舍

18. 高迪

由19世纪过渡到20世纪期间,西班牙也出现新艺术运动的边缘作品。代表这派的高迪(Antonio Gaudi,1852—1926),原是倾向于高矗式折中主义建筑家,并在宗教和居住建筑上结合传统形式,大胆尝试新颖独创手法。作品集中在他久居的巴塞罗那城，主要建筑物如米拉公寓（Casa Milà）（图12），造于1905—1910年间。

不能把新艺术运动某一成员或集团孤立起来看待，这也是

图12　巴塞罗那米拉公寓

对任何建筑流派的态度。对新艺术，要回忆上世纪末开始的文化交流既广泛又繁忙，对彼此观摩启发所产生的极大作用。划分区域或只举出个人来评价这运动是不适合当时背景的。有的和这运动虽然唱同调或很合拍，但却属另一集团或可能是其他新派创始者，如下述的贝尔拉格、霍夫曼、奥尔布里希、路斯等。

19. 贝尔拉格

贝尔拉格（Hendrik Petrus Berlage，1856—1934）出生于阿姆斯特丹，到瑞士从学于森佩尔，因而思想上和英国拉斯金等倡导的工艺美术运动发生联系。当然，荷、比是邻国，也免不了受新艺术的影响。由于荷兰建筑历史条件限制，他是在"新高矗式"气氛中成长的，但他能冲出这北欧保守道路而争取荷兰建筑的时代化，并主张建筑应该合理地通过纯洁手法反映客观现实。阿姆斯特丹交易所新厦方案竞赛中他被选定负责建筑工程，于1903年完成（图13）。交易所基本用砖、石承重墙，具纯朴忠实格调，不施粉刷盖面。他和路斯一样反对装饰而把砖墙的粉刷盖面看作为不应有的装饰。直到今天，交易所的外观还与市容风格和谐。这座新厦立刻使贝尔拉格成为荷兰划时

图 13　阿姆斯特丹交易所

代建筑的设计者；洁净外观与内部空间三层围廊处理使人联想到次年赖特设计的拉金肥皂公司办公楼（见后）内天井围廊形式；两人做法不谋而合。事实上，把赖特介绍给荷兰、瑞士建筑界的正是贝尔拉格本人。他1911年亲自去美国实地鉴赏芝加哥一带新兴建筑，以对证一向的信念。翌年他到苏黎世，在工程师建筑师协会做有关赖特讲演；听众之一是柯布西耶（Le Corbusier，1887—1965）。瑞士《建筑学报》随即刊登讲词，柯布西耶又是读者，这使他初闻赖特大名。两巨人相互抵触与诋毁从此开始，续见下文。贝尔拉格建筑哲学论点对下一代有深远影响。

20. 阿姆斯特丹学派

每一派别内部都有持不同，有时甚至相反意见的人，酝酿一段时期，就出现脱离贝尔拉格而独立的阿姆斯特丹学派（Amsterdam School），主要成员是德克勒克（Michel de Klerk，1884—1923），作风是融会传统习惯与新兴运动，1918年通过机关期刊《文定根》（*Wendingen*）播布建筑与交谊观点，到1936年才停刊，这学派作品有的偏重建筑砖墙立面，近似贴标签，具有和刚萌芽的表现派平行倾向，活动于1920—1930年间；在理论上并不突出，但出版有关一些建筑作品专集则颇出色。

21. 瓦格纳

瓦格纳（Otto Wagner，1841—1918）接受森佩尔的革新

思想，视传统为考古，把奥地利建筑从新古典主义解放出来；在这决战中，他几乎孤军奋斗。1894年他到维也纳艺术学院执教，一开头就宣称建筑思想应该来个大转变以适应时代需要，而这是一向作为维也纳传统古典主义信徒到50岁才突然说出的话。他进一步发扬他的觉悟论点，于翌年所著《新建筑》（*Moderne Archtektur*）[印第三版时改称《当今建筑》（*Die Baukunst Unserer Zeit*），1914年]，指出建筑艺术创作只能源出于时代生活，有新工学才有新建筑，新用途、新结构产生新形式，不应孤立地对待新材料、新工程原理，而应联系到新造型使与生活需要相协调，但他又主张建筑教育目的应该是培养建筑家而不是技术家，把建筑与技术分开，这就自相矛盾令人费解。

22. 维也纳学派

1894年他设计维也纳地铁各处车站时，尚未完全丢弃新艺术累赘，到1904—1906年维也纳邮政储蓄银行营业厅（图14）施工阶段，则只见朴素墙壁和铁架玻璃天花板，才显示他在设计领域20世纪崭新风格的开始。他所做许多建筑方案并未实现。尽管有意无意中还流露些古典因素，但他在忠于维也纳

图14　维也纳邮政储蓄银行营业厅

文化传统之余,却含有大量革新思想,和布鲁塞尔以及格拉斯哥新派一道,不走老路而追求新技术发生的作用。他所具有一些设计特点使他成为奥地利创始20世纪新建筑先驱,并影响于下一代,其中有些是以他创始的"维也纳学派"(Vienna School)中的骨干,最著名的如奥尔布里希、霍夫曼、路斯三人。

23. 奥尔布里希

24. 分离派

奥尔布里希（Joseph Maria Olbrich，1867—1908）是瓦格纳得意门生，并承受他的衣钵，又在他的事务所工作5年，帮他设计地铁各车站。忽然间，维也纳执心于手工艺的一群新艺术运动信徒，以装饰为主的建筑家，伙同画家雕刻家，背叛瓦格纳而于1897年成立"分离派"（Sezession），奥尔布里希立即加入成为发起人之一并于翌年设计在维也纳的分离派展览厅。1900年他应邀去达姆施塔特城设计近郊美术家聚居点，布置住宅展览厅建筑群，供画家雕刻家工作生活使用。住户中有以后出名的建筑家贝仑斯。这建筑群经过扩建于1907年全部完成，包括一座婚礼纪念塔（Hochzeitsturm）[①]（图15）。建筑材料五光十色，夹杂些新高矗式风味，并带有节日气氛；令人想见

---

① 奥尔布里希在达姆施塔特城郊山腰布置美术村，1901年落成并公开展览。1907年扩建完工举办第二次展览，包括建成的婚礼纪念塔（高48.8米）纪念路易大公爵第二次结婚。

图15　达姆施塔特美术家聚居点与婚礼纪念塔

设计人当时意气风发,下笔充畅,似乎漫不经心,而每一细节都不轻易放过。但全部设计还仅仅停留在形式变化上而缺少技术与组合关系的革新。他若不早逝,成就是不可限量的。

25. 霍夫曼

霍夫曼（Joseph Hoffmann，1870—1956）从学于瓦格纳,先属维也纳学派,后加入分离派,并于1898年参加分离派家具展览，而家具是他当时兴趣所在。1899年执教于艺术职业学校，1903年与莫泽合组"维也纳工艺厂"（Wiener Werkstätte），这以后几乎占了他大部分工作时间，直到1933年才停办。和莫里斯相反，办厂目的是把工艺品从中古时代烙印解脱出来。他仍有余力从事建筑设计，包括一些维也纳附近住宅和一座疗养院。最著名的是布鲁塞尔"斯托克莱宫"（Palais Stoclet, 1905—1914）（图16）和科隆城1914年"德制联盟"博览会奥地利馆。斯托克莱宫是豪华大型住宅，外墙面贴大理石镶青铜边方板，构成错落式立方体，富有家具重叠意味，内部装饰陈

图16　斯托克莱宫

设则用他主办的工艺厂产品。1920年他任维也纳市总建筑师。面对业已兴起后的日新月异创作与所处新社会的含义，他自感被迫落到新建筑范畴边缘，于是毅然在居住建筑设计洗尽浮饰，争取在建筑革命领域中占一席地位。瓦格纳殁后，他继作奥地利建筑界代表人物。

26. 路斯

路斯（Adolf Loos，1870—1933）的生涯与论点大有别于维也纳同辈，出于孤僻性格，加以曾在19世纪末旅游英、美三年，目睹当地用品衣着平易近人与纯朴无华，怀有深刻印象，因而对装饰发生反感甚至把适用和美观对立起来，于1908年著文名《装饰与罪恶》（*Ornament and Crime*），因此仍然抛弃不了装饰的分离派就变成他的敌人。他又主张不能随意放大建筑空间，认为把合理有限空间妄加扩展是浪费，是无形的装饰。他也不赞同在施工图上加注尺寸，认为从数字出发而不联系人体与活动范围条件是违反人性。事实上，适当注些尺寸还是有用甚至必要。但他最激烈的观点是对建筑艺术性加以否定，认为凡适用的东西都不必美观，他把瓦格纳、霍夫曼看成为文化坠落者，这也毫不足怪。1904年他首次设计一座住宅，仍然显露瓦格纳影响。再过几年，他的设计就按照避免"犯罪"原则行事，排除一切无关因素如装饰之类，只留下素壁窗孔，开欧洲合理派如格罗皮乌斯与柯布西耶等新建筑风格之先，可把他1910年在维也纳完成的斯坦纳住宅（Steiner House）作为代表（图17）。1920年起他被委为维也纳市总建筑师，致力于试验大众化民居；虽然只部分实现，但其先进性在奥地利甚至全世界都是公认的。

19世纪末新艺术运动几乎遍及全欧。手工艺商店与有关装饰艺术定期刊物，陆续出现于法、德两国。在法国，占优势不

图17　斯坦纳住宅

大，只被当作家具装饰一类玩意儿，打不进传统势力根深蒂固的古典建筑领域。但在德国，由于森佩尔与慕特修斯曾居伦敦而"发现"水晶宫是建筑并赋以时代意义以后，新艺术却取得立足点而获新生命。德国从20世纪开始就成为欧洲新建筑思潮中心；1896年发行期刊名《少壮派》（*Jugendstil*）这新艺术同义词，以响应比利时霍塔和凡·德·维尔德的挑战。意大利也于19世纪末刊印有关装饰美术与工业杂志两种。意大利出于历史原因对新近事物虽乏独创精神，但还是热情希望接受，得些补益。20世纪初，米兰和都灵两城兴造的一些建筑也不可避免受新艺术运动与维也纳分离派的影响。

27. 赖特

20世纪开始，意味着芝加哥学派第二代，完全摆脱和新古典的千丝万缕联系，也不理睬当时欧洲新艺术运动，而逐渐与德国、法国新建筑作风通气，但仍自行其是。在公共与工业建筑上也用钢筋水泥框架。主要活动人物有沙利文和门徒赖特。赖特是芝加哥学派内带新艺术倾向，反古典檐口、柱式的先锋。这学派又包括艾勒姆斯莱（G. Elmslie，沙利文的一度得力助手）、格里芬（Walter Burley Griffin，1876—1937）以及波金斯（Dwight H. Perkins，以设计学校建筑闻名）。格里芬曾当过赖特的助手；他设计的住宅风格之逼近赖特，几可乱真，如1910年完成的卡特住宅（图18）。1911年他参加澳大利亚首都规划方案竞赛得头奖，1913年离美赴澳开始堪培拉建都工作①，随即落户。

图18　卡特住宅

---

① 澳洲1975年举办在堪培拉的格里芬纪念碑设计方案竞赛，表扬他的首都规划。

28. 草原式

赖特早期作品绝大部分是住宅，属"草原式"风格（Prairie Style）。草原式只可作为芝加哥学派支流，而不能与之混为一谈。据赖特自称，引起早期居住新建筑诞生的草原式，有以下各特征：住宅房间减到最少限度，组成具有阳光、空气流通和外景灵活统一空间；住宅配合园地，底层、楼层、屋檐与地面形成一系列平行线；打破整个住宅和内部房间闷箱式气氛；变天花墙壁为屏蔽而不封闭；把地下室提高到地面作为建筑台座；避免繁杂建筑材料，家具装潢体裁和住宅要协调。赖特又叙述芝加哥学派之兴是他和刚刚开业的一些建筑师聚餐时谈论酝酿起来的。幕后权威当然是沙利文，第二把手就非赖特莫属了。赖特进威斯康星大学土木工程系两年（1885—1887）就离去到芝加哥谋生，1887年入沙利文的设计室当6年助手，1893年自设事务所，开始设计草原式风格住宅，事实上他此前早已暗地这样做，因而引起沙利文对他的"背叛"不满。未过几年，德国人弗兰卡（Kuno Franke）1908年作为交换教授到哈佛大学讲学，深为赖特建筑作品所吸引，登门拜访，邀他去德国，说"德国人正在摸索你实际已做到的东西，美国人50年内尚缺少接受你这人的准备"，赖特当时未置可否，1910年他真的去欧洲了。弗兰卡通过一家柏林出版商于这年刊印赖特专集，翌年又刊印续集[1]；同期并举办赖特个人作品图展[2]。欧洲人如前述的贝尔拉格把赖特介绍到欧洲；赖特本人也回敬欧洲，说他最推崇瓦格纳与奥尔布里希两人。1905年赖特设计布法罗城拉金肥皂公司办公楼（Larkin Building，1950年拆毁）（图19），外观与贝仑斯设计的透平机制造车间精神有些默契，都前所未见，而比它早4年。内部四周围廊玻璃顶办公敞厅，和前一年完成的阿姆斯特丹交易所内部证券大厅也大略相同，是建筑史上一段巧合。拉金办公楼的出现已届芝加哥学派尾声。赖特在住宅设计上，继承莫里斯"红屋"的哲学，争取合理安排，打破传统的均衡对称，进一步追求灵活空间。

---

[1] 柏林建筑出版公司1910年印行《赖特设计方案及完成建筑专集》（*Ausgeführte Bauten and Entwurfe von Frank Lloyd Wright*，1965年纽约重印）；1911年又印行《赖特建筑作品专集》（*Frank Lloyd Wright：Ausgeführte Bauten*）。荷兰期刊《文定根》（*Wendingen*）也在1925年为赖特发专辑。

[2] 荷兰建筑家奥德（Jacobus Johannes Pieter Oud，1890—1963）看过展览后说，"赖特作品有启示性，富有说服力，活跃坚挺，各部分造型相互穿插变化，整个建筑物从土中自然生长出来，是我们这时代建筑功能结合安适生活唯一无二体裁"。密斯也说，"愈深入看他的创作，就愈赞美他的无比才华。他的勇于构思，勇于走独创道路，都出自意想不到的魄力。影响即使看不见也会感受到"。

图 19 拉金肥皂公司办公楼

29. 罗比住宅

他1909年设计的芝加哥栎树园罗比住宅（Robie House）（图20）达草原式高潮最后代表作，已被指定为重点文物保存下来。过两年，他设计塔里埃森镇（Taliesin）自用住宅（图21），后经两次火灾屡加扩建。1919年赖特应邀去东京设计帝国旅馆（1970年拆除后另建17层新馆），这建筑对当时尚在启蒙时期的日本设计风格未起推动启发作用，是一憾事。赖特服务对象一般是宽裕中产社会，但他也未尝不想解决广大群众住房问题，并于30年代做些低造价建筑方案，用夹心板做墙，木枋架平屋顶，称之为"纯美国风"住宅（Usonian House）[1]。在高层建筑结构，他和早期芝加哥学派利用钢框架有所不同；他热衷于钢筋水泥结构，更喜发挥其悬臂作用。

---

[1] Usonian字义是"美国的"，这字是近代英国作家塞缪尔·巴特勒（Samuel Butler, 1835—1902）在一小说中所创。

图20 罗比住宅

图21 塔里埃森镇赖特住宅

30. 流水别墅

1936年他首次得机会用之于霍夫曼（J. Hoffmann）宾州乡居"流水别墅"（Falling Water）（图22）。横缝毛石墙和悬臂阳台平行交织，进退错落，构成生动活跃画面。他不把山庄置于和"熊跑溪"（Bear Run）的对景地位而使坐于溪上，也是出自与众不同的想法。当施工阶段，开始拆阳台模板时，工人因未获施工公司生命保险福利待遇而拒绝进入现场工作，赖特

图22 霍夫曼宾州乡居流水别墅

一怒之下，手抢大锤，把模板支撑敲掉。他自信心如此之强以至在随后各建筑结构上，不断试用独创钢筋水泥做法。1936年他设计约翰逊制蜡公司办公处（图23）和7层实验楼（图24），实验楼每层都用悬臂楼板。办公处工作厅用上肥下瘦钢网水泥细高圆柱支承伞状屋顶，是前所未见的造型。市政工程当局怀疑其强度，直到载重试验超过规定几乎加倍时，才废然退席。两年后，他在亚利桑那州沙漠地区用毛石矮墙上扯帆布顶构成"西塔里埃森"（Taliesin West）（图25），作为冬季居住

图23　约翰逊制蜡公司办公处

图 24 约翰逊制蜡公司实验楼

图 25 西塔里埃森

工作之所。1955年他在俄克拉荷马州设计"普赖斯"19层办公公寓混合楼（Price Tower）①（图26A、图26B），钢筋水泥框架，悬臂梁支承楼板，预制构件装配。建筑物自重较钢结构几乎轻一半。

图 26A　普赖斯办公公寓混合楼

---

① 普赖斯楼结构方案来自赖特1929年未实现的纽约圣马可大厦设计（St. Marks′-in-the Boverie），如树干伸枝一样，布置悬臂梁结构。

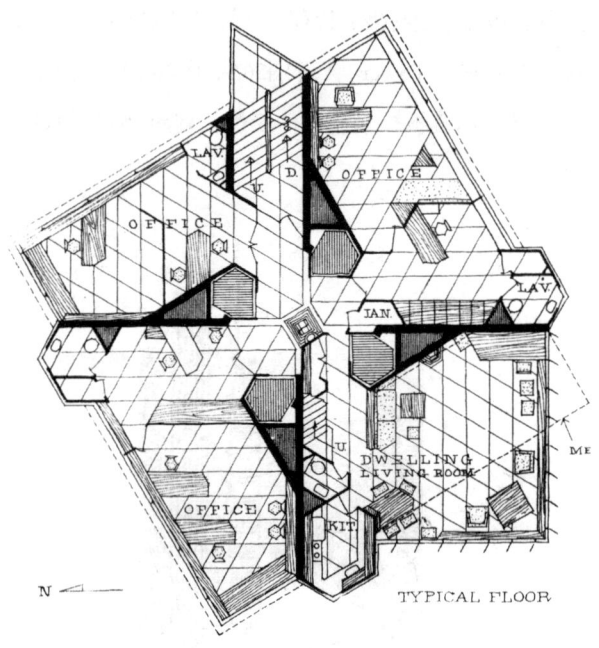

图 26B　普赖斯楼标准层平面图

31. 古根海姆博物馆

他临殁前一年完成从1946年就开始设计的纽约古根海姆（Guggenheim）博物馆（图27），是最易引起争论的6层螺旋形向下逐层收缩的圆塔；光线由上下不同直径两层之间外围

图 27　纽约古根海姆博物馆

一圈玻璃窗水平面反射入内。参观路线是先把观众用电梯送到顶层,然后沿斜坡走廊边步步下降边参观展览;走廊既是陈列厅又是交通线,以此医治博物馆疲劳症(Museum Fatigue)。他生前未见完成的工程是加州马林县的Marin County行政中心。

32. 雷蒙德

赖特是使美国从芝加哥学派过渡到现代建筑的桥梁;这桥梁作用是由19世纪土生土长美国建筑文化转变到20世纪欧洲建筑楷模,但赖特本人反而是只影响欧洲而不受欧洲浸染的建筑家。他始终是自大、自怜、自信的美国佬。他一生有70年在活动，包括500座已经建成的工程和500多种方案，加上10多种著作。他的住宅既是事务所又兼学塾。如德国贝仑斯和法国佩雷，他也培训些有名助手，如雷蒙德（Antonin Raymond，1888—1976），1916年进入他的事务所，后来被派往东京助理帝国旅馆建筑施工；完工后住东京自设事务所，设计住宅学校。第二次世界大战期间离日返美，战后又去日本工作，对日本现代建筑做推进贡献，并培训后辈；前川国男在他的事务所工作5年。又如辛德勒（R. M. Schindler，1887—1953），维也纳艺术学院毕业，深受瓦格纳影响，1917年到赖特事务所，1920年去洛杉矶市开业，设计些住宅。

33. 诺伊特拉

诺伊特拉（Richard Neutra，1892—1970），维也纳工科大学毕业，路斯的信徒，当然也就批判装饰；1923年到纽约，随即在赖特事务所短期逗留，再去洛杉矶，设计住宅、学校、医院，以至做城市规划。他巧于利用编篮式木架构成新建筑风格住宅。但1929年完成的洛杉矶罗沃勒住宅（Lovell House）（图28）则用钢架；把挑出的阳台用钢缆吊挂于顶部悬臂结构。他

图 28　罗沃勒住宅

1927年参加日内瓦国联总部建筑方案竞赛。上述三人都不仿效赖特风格而更接近国际学派。此外，意大利移民索莱里（Paolo Soleri，1919—2013），从赖特学习一年，离去后在美国中部从事居住建筑设计。他自用住宅是掘土为坑上覆一块钢筋水泥板。他设计的空间充满曲线。至于高夫（Bruce Goff，1904—1982），未曾随赖特学习，但掌握他一套手法，模仿他的风格，并把事务所设在"普赖斯"楼上，以表对他的景慕。赖特门徒来自四面八方。日本人伊东荒田在帝国旅馆建筑工地完成助理工作后，去美国向赖特继续学习，然后回东京开业。从30

年代起讫第二次世界大战前后，赖特也收中国门徒数名。赖特教学工作是利用师生集会或聚餐时间用座谈方式进行。学生既是绘图员又兼在农田、厨房劳动，或于扩建赖特住宅时在建筑现场工作。赖特建筑设计业务，1932年起用"赖特同门会"（Taliesin Fellowship）名义由门徒协助经营；殁后，由暂称"塔里埃森合伙建筑师"继续进行，负责工作的都是他的门徒[①]。

34. 德意志制造联盟

德国人慕特修斯（Hermann Muthesius，1861—1927）于19—20世纪交替期间任驻英使馆文化参赞7年，由于自身是建筑家，对英国居住建筑，曾做深入研究，并出版有关著作。在1902年就从建筑观点称赞水晶宫，这很自然也会促使他注意英国一般家居陈设与日用品风格以及生产问题。1898年德累斯顿市施密特（Karl Schmidt）受英国工艺美术运动启发而开设"德意志工艺厂"（Deutsche Werkstätte），通过标准化大

---

① 赖特殁后，仍继续出现关于他的书刊。1978年在芝加哥附近栎树园（Oak Park）成立"赖特协会"（Frank Lloyd Wright Association），每隔两月印发有关赖特事迹与成就函讯。

批生产工艺品，过10多年后，又把廉价家具推向市场。慕特修斯决意照样做，设一机构，综合一切实用艺术试验结果，定期展览观摩，加以评比，为此1907年他倡议成立"德意志制造联盟"（Deutscher Werkbund），成员有艺术家、评论家、制造厂主等。目的是树立工艺尊严，优选美工成品，奖掖成就并提高质量。联盟定期展出应用艺术产品，参观比较，当然还含有推广销路开辟市场的积极意义。邻国荷兰1916年同样组成"设计与工业协会"（Design & Industries Association），努力于简化日用品式样，以"合用"为口号。战前的奥地利于1910年，瑞士于1913年，也成立类似联盟。慕特修斯思想深处是莫里斯手工艺观点，所不同的是莫里斯不顾一切地偏爱手艺，而他则不反对机械化大量生产。德制联盟作为第一次世界大战前最重要文化团体，其着眼点是美术、工业、手艺的总和。联盟又罗致一些建筑人才。从1907年到1914年，新的一代德国建筑家正在成长，如格罗皮乌斯（Walter Gropius，1883—1969）、密斯（Ludwig Mies van der Rohe，1886—1969）等，他们的前辈是凡·德·维尔德和贝仑斯（Peter Behrens，1868—1940）。

35. AEG透平机制造车间

德制联盟的进步势头不可避免使新兴前进建筑家与之发生联系，首先是贝仑斯。他先学绘画，1893年是"慕尼黑分离派"组成人之一。1900年加入由建筑家、雕刻家、画家合组的"七人团"（Die Sieben），宗旨是谋求所有造型艺术的有效联系。就在这时，他开始转入建筑领域，并首先设计自用住宅，在宅内装饰模仿凡·德·维尔德与麦金陶什的新艺术风格。1903年慕特修斯介绍他做杜塞尔多夫艺术学校校长。再过4年，也就是德制联盟成立那一年，他被邀到德国通用电气公司（AEG）主持产品以及广告样本说明的艺术化并设计工人住宅。

1909年他设计这公司透平机制造车间（图29）是首次出现有表现派艺术风格的工业建筑；是排除折中主义而走向新建筑造型的开端；当然，还免不了强调立面的堡垒式边墩，但已说明他的建筑思想跟上当时工业文明的要求。他的柏林事务所培训一批助手；如芝加哥学派詹尼事务所一样，这些助手后来都是成名宗匠：格罗皮乌斯在贝仑斯事务所三年（1907—1910），并居负责地位；密斯也是三年（1908—1911）；柯布

图29　德国通用电气公司透平机制造车间

西耶只待几个月。透平机制造车间出现在1909年，联系到这三人同时受贝仑斯培训这史实，就看到其对新建筑影响的重要含义。

　　他们都从贝仑斯学到一套本领：格罗皮乌斯看到工业文明潜势，为后来包豪斯教学定下宗旨；密斯得到古典谨严规律；柯布西耶则体会技术组织与机械美。贝仑斯在第一次世界大战前夕完成彼得堡德国大使馆工程。此外，还设计多处工业厂房和办公建筑，并先后主持过维也纳和柏林两地学院建筑专业。

36. 表现主义

德意志制造联盟成员有的是建筑师兼画家。欧洲从20世纪起,开始出现抽象画派。在德国首先由受过新艺术运动影响画家设想通过外在表现,扭曲形象或强调某些彩色,把梦想世界显示出来;他们被称为表现主义(Expressionism)画家。在建筑领域,从上世纪末就有简化折中主义使演变成为一种浪漫的德国民族建筑风格。表现派成熟于1910年前后;建筑作风一反传统,具有空想主观探索性,创出富有活力与流动感的造型。表现派者并不属于一种有组织集团。第一次世界大战后,战败创伤使德国文化更加感染强烈政治气氛,这就使本来带战前无政府主义彩色而变为1918年的"十一月学社"(Novembergruppe)成员格罗皮乌斯、密斯、门德尔森等也挂上表现派标签。

37. 立体主义

这阶段还有一批为时不久的其他派别。在20年代,其数目之多超过历史上任何时期。和表现派同时出现的在法国有立体主义画派（Cubism），是一种极端抽象作风，从多角度由内外同时看一物体，再将印象归总到一张画面；这在建筑上的体会使人们联系到在巴黎铁塔上层扶梯所看到的内外空间交织在一起，以及在任何建筑群中由于视点移动而引起景物变化。这一切，都来自空间加时间所起的作用。在建筑设计，主要在住宅上，创出比路斯更简洁的面貌。

38. 柏林学派

39. 造型社

40. 柏林圈

20年代的柏林，起着大于巴黎的建筑源泉作用，创作主力人数达到10多名，即所称"柏林学派"（Berlin School），其中成员又分属于1922年组成的"造型社"（G Gruppe）（"G"代表Gestaltung即造型）与1925年组成的"柏林十人圈"（Berlin Ring）。下文所提到的魏森霍夫公寓群主要是柏林圈成员作品。

41. 法古斯鞋楦厂

贝仑斯柏林事务所助手格罗皮乌斯出身于两代建筑工作者家庭。他自己1903—1907年间受过建筑教育；离校后入贝仑斯事务所。1910年起独自工作，设计"法古斯"（Fagus）鞋楦厂（图30），标志新建筑真正开端，是一座前所未见的玻璃幕墙工业建筑，位于阿勒费德（西德Alfeld）郊区山边林际。由于用钢架结构，就可以使转角玻璃窗弯折而省去支柱，这是首创的新建筑常见转角窗。

从20世纪开始，德国变为欧洲建筑哲学进步思想中心，主要由于德国文化传统不十分久远，又迟迟未摆脱社会文化根源的包袱，再加上工业化要迎头赶上，这就使德国反而无束缚和少顾虑地接受新建筑法则和罕见的形式。德制联盟内部观点也不一致，而凡·德·维尔德与慕特修斯有时甚至相持不下。前者主张个人创作自由，后者则强调标准化。联盟除倡导工艺制造，还不定期辟设建筑观摩场地，邀请国内外建筑师参加设计兴造主要是居住建筑。1914年首次于科隆城举办观摩会，主要有格罗皮乌斯设计的工业馆（图31），还有凡·德·维尔德、贝仑斯、霍夫曼等设计的馆屋。1927年又在斯图加特郊区

图30 法古斯鞋楦厂

图 31 科隆建筑展览会工业馆

由联盟主办建筑展览称为"魏森霍夫"集团公寓（Weissenhof-Siedlung）试验性低层住房。联盟副首脑密斯负责布置场地（图32）。参加设计的除德国的贝仑斯、格罗皮乌斯和夏隆等人，还有法国的柯布西耶[①]，荷兰的伍德。他们都谋求适应时代生活的建筑观，提出普遍法则，把新建筑运动进一步肯定下来。1929年作为联盟机关定期刊物，出版《造型》（*Die Form*）。翌年又在巴黎续展1927年斯图加特居住建筑群成就，主要有家具灯具等装饰布置，再加上格罗皮乌斯的7层公寓方案。

图32　斯图加特居住建筑展览场地

[①] 柯布西耶设计的两座居住建筑被德国纳粹指为布尔什维克产品。1958年西德当局划为历史名迹保存。

这次展出由"联盟"代表德国并指定格罗皮乌斯部署会场。1931年又把展览品移陈柏林建筑展览会，作为"联盟"活动的总结；其尾声是次年举办的维也纳"工作联盟公寓展览"（Werkbundsiedlung），在示范场地布置二、三层公寓，设计人大部分是奥地利建筑家，加上德、法、荷兰建筑家以及远道的美国诺伊特拉，使维也纳又一次成为国际建筑风格聚集点。德制联盟1937年在日本以"工作文化联盟"名称出现，成员有前川国男、堀口舍己、丹下健三，都是日本现代建筑创作主力。

42. 格罗皮乌斯

前进的建筑新观点新技术依赖建筑教育的培养传播工作。德国早在1903年就聘请凡·德·维尔德到魏玛城创办艺术职业学校（Kunstgewerbeschule）。1914年他辞职荐格罗皮乌斯自代。1919年格罗皮乌斯把这学校连同更早的美术学院（Hochschule für Bildende künst）合并成为装饰造型教学机构，把建筑、雕刻、绘画三科熔于一炉；艺术结合科技，但以建筑为主，通过实习来带动学习。此前，凡·德·维尔德办学还参照工艺美术运动传统。

43. 包豪斯

格罗皮乌斯则发扬德制联盟理想，从美术结合工业探索新建筑精神，成立"包豪斯"建筑学舍（Bauhaus），由他做从1919年开始的第一任校长。他延致欧洲各不同流派艺术家来学校教学，有学生250人。课程是两种并行科目：一是半年先修课，主要为对材料的接触与认识，如木、石、泥土及金属等；又一是造型与设计课，专讲房屋构造、形体原理、几何学彩色学等，但无建筑史课程[①]，这可能出于格罗皮乌斯的偏见。三年期满后，可在校内进修建筑设计并在工厂劳动，年限长短不等，最后授予毕业证书。格罗皮乌斯主张集体创作，把典型作品推广到大批生产。1921年后，包豪斯抽象艺术家教师们，大多数持表现主义观点，以瑞士人伊顿（Johannes Itten，1888—1967）为代表，是包豪斯历史第二段时期的开始。他大

---

① 格罗皮乌斯到哈佛大学后，也不把建筑史列入建筑专业科目。他认为无论什么建筑问题，都要从它自身价值作为依据。

力倡导中国"老庄"哲学①和北宋山水画理论研究②。但另一方面,荷兰人凡·杜斯堡(Theo van Doesburg,1883—1931)又用他的"风格派"(见后)观点代替表现主义,强调机械文明,攻击"不健康"的表现派,向学生散布议论,并含沙射影诋毁格罗皮乌斯本人,以致校方禁止学生上他的课;同时并有人威胁他的安全。1922年他离校去巴黎,伊顿也于翌年离校。包豪斯内讧带有政治色彩,因而引起当地保守势力疑虑,迫使于1924年关闭校门。这是包豪斯历史第二段,也是风云变幻的阶段的结束。德绍(Dessau)市长欢迎包豪斯迁校并提供临时校园。格罗皮乌斯则着手设计新校舍,1926年完成(图33)。这建筑群包括三部分,即设计学院、实习工厂与学生住宿区;前两部分由旱桥联系;桥面各房间是行政办公、教师休息及校长工作室。包豪斯校舍是当时范围大、体形

---

① 欧洲建筑家在空间理论上,如荷兰的杜道克和瑞士的伊顿,喜引老子《道德经》中"天地第四"的话,如:"埏埴以为器,当其无有,器之用",言造器以利用其中空为主,成器的材料作为外围是次要。又"凿户牖以为室,当其无有,室之用",这明指室的要素是空间而非墙壁门窗。《庄子》"养生主篇"引庖丁为文惠君解牛一段,暗示庖丁对牛身的体形结构有深刻了解,从这点再推论到建筑结构。

② 北宋画家郭思(郭熙之子)著《林泉高致》,中有"山水训"一段,伊顿分析郭熙山水画,让学生学习画树画山;说画雨后树景不应用斜落雨丝手法表达而要体现人的内心以象征雨。强调中国山水画的唯心主义方面。

图33　包豪斯校舍

新的建筑群。吉迪翁（Sigfried Giedion，1888—1968，《空间、时间与建筑》著者）把包豪斯建筑群和阿尔托（Alvar Aalto，1898—1976）设计的芬兰帕米欧（Paimio）肺病疗养院（工期1929—1933），再加上柯布西耶1927年日内瓦国际联盟总部建筑群方案（见后）称为三杰作；其不可及之处在于每建筑群由于视角变化，既提供空间结合时间的感受，又表达各建筑物相互有机联系，就如人体各部的不可分；再由建筑群扩展到外围环境，组成完整图景。三建筑群都着手于1927年前后，是新建筑成熟并为国际风格阶段预定调子。包豪斯迁地复课后，进入第三历史阶段，即最后阶段。课程开始改革划建筑学为独立专业。以前由美术家与手工艺者分授的科目改由一人担任，因为留校毕业生在教课时已具备这种能力。格罗皮乌斯虽然虚怀若谷，与人无争，似乎原则性不强而倾向方便实用，但已饱经校内流派之争与社会政治压力，在认为包豪斯已粗具规模这前提下，于1928年辞去校职，荐本校城市规划专业教师梅耶（Hannes Meyer，1889—1954）自代，去柏林开业。梅耶由于与市政意见不合，1930年离校去苏联工作（直到1936年）。密斯继任校长，1932年在纳粹政权下又被迫迁校柏林，终于1933年停办。

包豪斯校史14年间培训了1200名学生，其中有很多留校作为杰出教师。学生来自各地。教师著作汇成"包豪斯丛书"14种。包豪斯教育宗旨和教学法已闻名世界。欧美一些建筑学专业也有部分地采用包豪斯方式[①]。1937年包豪斯前教师纳吉（László Moholy-Nagy，1895—1946）到芝加哥筹设"新包豪斯"，1944年改组为"设计学院"，1949年并入伊利诺斯工学院。包豪斯1929年毕业生比勒（Max Bill，1908—1994），画家、雕刻家、建筑家，是乌尔姆设计学院（Ulm Hochschule für

---

① 除欧美以外，1925年有关包豪斯消息传到日本，一些日本建筑家赶赴魏玛包豪斯参观学习。川喜田炼七郎（1902—1975）在东京开办建筑工艺研究所（后改称新建筑工艺学院），是日本仿效包豪斯教学法的建筑造型学校。中国人秦国鼎在沈阳东北大学建筑系肄业，于1929年去德绍包豪斯进修。

Gestaltung）于1955年成立的创办人之一，继承包豪斯一些教学观点，并负责建筑设计课又兼管新校舍兴建工程。他强调科技在建筑上的重要性；由于与政治左翼有牵连，公费补助于1968年中断，使设计学院停办。

格罗皮乌斯主持包豪斯校务同时，1922年抽空参加芝加哥论坛报馆新厦建筑方案竞赛。这竞赛对新建筑具有世界性重要意义。但评比结果是胡德（Raymond Hood，1881—1934）的高矗折中主义方案得头奖，而格罗皮乌斯方案（图34）则被讽为"老鼠夹子"。事实证明，格罗皮乌斯方案却显示些芝加哥学派精神，外貌呼应卡尔森百货楼梁柱方格嵌"芝加哥窗"。假如格罗皮乌斯方案中选，那就是国际风格新建筑不是在费城（下文将提到）而是早10年在芝加哥出现，对促进美国建筑思潮当有极大影响。格罗皮乌斯这时也致力于居住建筑大众化，主要是5层工人住宅，随后又有10层公寓方案。1925年著《国际建筑》（*Internationale Architektur*），作为"包豪斯丛书"第一种。他的写作几乎包括建筑专业每一方面：理论、实践、教育、合作以及评论。远在1910年，当在贝仑斯事务所做助手时，他就曾建议用预制构件解决低造价住房问题。在1927年斯图加特魏森霍夫居住建筑展览会场有两座公寓用预制构件；1931年他又设计一种可以逐步适应人口增加而扩建的工人

图34 芝加哥论坛报馆新厦格罗皮乌斯方案

住宅；次年他做些材料试验，准备成批建造住房，目的不是预制整个住房，因为那会单调一律，而是通过拼配预制构件的活变以达到住房形体多样化，1934年他离纳粹德国去伦敦，与当地建筑师合作，设计住宅、学校。1937年被邀到美国哈佛大学教课，于翌年主持建筑学专业。但他丝毫不想把包豪斯那一套搬到美国。他指出，美国情况不同于欧洲；不应把欧洲新建筑运动看成是静止的死水，连包豪斯当年也在不停地变，经常探索新的教学方法。如果有人想要看到包豪斯或格罗皮乌斯风格泛滥四方，那是不可取的。意即美国要采用美国的方式。他说包豪斯不推行制度式教条，只不过想增加设计创作活力，若强调"包豪斯精神"就是失败，也正是包豪斯自身所尽力避免的。1945年他与一些哈佛门徒在波士顿组成"合作建筑事务所" TAC（The Architects Collaborative）。他虽然实际是主角，但他的强烈群众观点把事务所合伙人按字母顺序排列而不自居首位。事务所设计过的工程有哈佛学生活动用房、美国驻雅典大使馆、纽约泛美航空公司PANAM大厦（与其他事务所合作，图35）等。"泛美"高层建筑造型主要出自他的手笔，评者惋惜和他的水平不称。但他的建筑哲学思想有广泛影响。一哈佛门徒赞扬说，格罗皮乌斯是第一个通过建筑、设计、规划来解释并发扬工业革命意义，把工业社会潜势充实不

图 35　纽约泛美航空公司办公楼

断变化的需要,并指出个人自由与机械文明并无抵触的人。

44. 密斯

贝仑斯事务所另一从业员密斯是德籍犹太人,父亲是石匠,他自己只读过小学与中技校,就于1905年到柏林一家建筑事务所当学徒;1908年转入贝仑斯事务所,习染了他的新古典作风但走向自己的简洁谨严处理细部手法。离开贝仑斯后,1911年去荷兰伯拉基事务所待些时间,1913年起独立工作,承担些居住建筑设计。第一次世界大战结束后,加入十一月学社。1919—1922年间,做些钢筋水泥框架玻璃幕墙探讨性方案(图36、图37)。战前德国建筑艺术创作已掀起浪潮,于贝仑斯的透平机制造车间首次看出表现主义苗头。密斯既受表现派影响又从贝尔拉格学到对结构与材料的忠实而趋向更纯洁作风。大战后和政治运动发生牵连。1921—1925年间是十一月学社建筑组组长。十一月学社赞助革命艺术家与新建筑活动,有时并举办由密斯参加的展览。密斯又主持十一月学社题名为"G"(G意为Gestaltung"造型"的头一个字母)的定期刊物。1925年他组成前述的"柏林十人圈"左翼集团。翌年被邀设计卢森堡、李卜克内西就义纪念碑(图38)。这座建于

图 36 密斯所做玻璃幕墙高层建筑方案(一)　　图 37 密斯所做玻璃幕墙高层建筑方案(二)

柏林的墙形纪念物,据他的设想,是由于这两共产党员都靠墙被戮,因而设计一片清水砖砌错落进出壁面,充满表现主义作风(后被纳粹政权拆毁)。他倾向德制联盟的热诚,使他接受1927年联盟在斯图加特举办前述的居住建筑场地布置任务。关于柯布西耶也参加这起公寓设计时,他回忆说,"我让柯布西耶随意选择任何地段,很自然,他把最理想一块地拿去了,我欣然同意。以后如再出现这样交易,我仍照旧同意"。巴塞罗那1929年举办国际博览会,由他设计德国馆(图39),在平屋

图38　柏林卢森堡、李卜克内西就义纪念碑

顶以下,用磨光名贵石板隔成陈列区,达到具有综合不止一家学派影响的处理空间构思的独到境界,这就使馆屋本身成为甚至是主要陈列品。他认为博览会不应再具有典丽堂皇和竞市角

图39 巴塞罗那国际博览会德国馆

逐功能的设计思想，而当是跨进文化领域的哲学园地。1936年他为捷克一富豪图根哈特（Tugendhat）设计在波尔诺（Brno）一座不限造价的住宅（图40）。他首次有机会用钢结构建造住宅并用些贵重材料。先从山坡进入住宅第二层，用屏风隔成餐桌与座谈空间。由此下达头层是一些卧室，都有墙封闭到顶[①]。包豪斯1933年被迫停办后，他对纳粹政权仍抱幻想；于这年参加柏林国立银行建筑方案竞赛，为6名受奖人之一。他再也得不到工作机会，只能做些理论性居住建筑方案，终于1937年前往美国。

---

① 这住宅在第二次世界大战结束后改作幼儿园。1964年是儿童卫生站，次年由波尔诺市收回做建筑博物馆。

图40　捷克波尔诺图根哈特住宅

密斯到美时刚过50岁。他联想到昔日看赖特作品展览时深感仰慕心情,就定居芝加哥,有时和赖特往还。在一次建筑家聚宴席上,赖特把密斯介绍给众宾,说:"现在是欧洲继美国领导建筑的时候了……"他这话多么富有先知性啊!他承认芝加哥学派早已结束了。20年代柏林学派骨干格罗皮乌斯、密斯转入美国30年代社会环境,由于美国工业与科技高度发展,就能更好地实现他们在欧洲所不能实现的理想和计划,而对美国建筑界后起之秀提供启发。1938年密斯被聘为伊利诺斯州立工学院IIT(Illinois Institute of Technology)建筑系主任,同时在芝加哥设事务所。1939年起他为这工学院计划有24座建筑物的芝加哥新校址（图41A、图41B），分期施工，预计二三十年后全部完成。他到美后最初业务活动不多。1947年纽约新艺术博物馆展出他的作品，再由这馆建筑展览主任约翰逊发表他的个人传记，大有助于提高他的身价。1946年起他已在芝加哥设计几所高层公寓；直到1955年，他为伊利诺斯州立工学院设计建筑专业教室（Crown Hall）（图42）。1958年他完成纽约西格拉姆酿造公司38层办公楼（图43），钢框架外包青铜板，支柱之间夹装琥珀色玻璃板与玻璃窗。造价之高使公司由于拥有这笔名贵不动产，而年缴比估报的房产税多数倍，评论者讽刺是官府对艺术创作的惩罚。这办公楼底层虽邻闹市，却不以高价

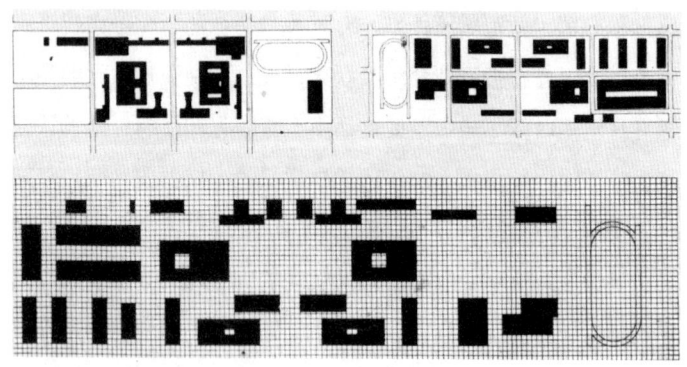

图 41A 芝加哥伊利诺斯州立工学院新校址总平面图

图 41B　芝加哥伊利诺斯州立工学院新校舍

租与银行或商店，使电梯用地以外只剩一片大空间，与门外小广场水池对映，以此作为清高而不同于一般市侩作风的宣传广告。1968年密斯为西德设计柏林"新20世纪"博物馆，是单层四面玻璃大空间，用屏风墙分隔陈列单元，上覆2.13米深、每边65米方形钢材空间网架屋顶（图44）。门前有大平台。地下室才是主要陈列和办公部分。施工期间他以82岁高龄，由美飞到西柏林工地，把坐车开到预制方格桁架下面，观察顶升情景。评论者认为这座8根十字形截面钢柱支承的大空间，只不

图 42 伊利诺斯州立工学院建筑专业教室

过是地下陈列室的门厅；其功能是把自身当作艺术品展览的穿堂。光线耀眼问题和馆结合城市规划问题，都未解决或考虑欠周，说明密斯强调造型艺术而不管功能的作风。他最后作品是加拿大多伦多市"自治领银行"两座各高46层与56层并列办公楼和一座相邻的银行单层营业厅；意图是把"西格拉姆"式办公楼与西柏林博物馆式大厅合并成为建筑群又带小广场。他一生最热衷于探讨并希望成功解决的问题是高层建筑造型与单层广阔空间。在上述这银行建筑把两者结合起来是他难得的机会。在高层办公楼或公寓楼，他主张用钢框架玻璃幕墙，除绝对必需的交通设备核心竖塔而外，别无他物。单层空间应该灵活万用，四望无阻，不带其他任何累赘，把多变的功能置于不变的形式之内。他的名言"少就是多"（Weniger ist Mehr）使他被讥笑为芝加哥现代建筑"清洁工"！他的严格简化手法，使公寓钢架玻璃饱受日晒，室内温度

图 43　纽约西格拉姆办公楼

图 44　西柏林新 20 世纪博物馆

急剧上升,只有开足冷气才能解除酷热。伊利诺斯工学院建筑系教室把大空间用低屏隔成绘图、讲课、办公等部门,只追求空阔气氛,置视听干扰于不顾。极端一例是他1945—1950年间完成的"范斯沃斯"住宅(Farnsworth House)(图45)。这"水晶盒"是长方形大空间,屋顶板和台基两平行线中间嵌四面落地玻璃窗。室内只用矮橱隔成起居、卧室、浴室、厨房各部分,造成生活上不便与不宁,以致房主女医生对他起诉而发生法律纠纷。

图45　范斯沃斯住宅

密斯在建筑工作态度上是谨严的，有一套简洁又具规律的设计手法且容易被学到。但学他的人要提防他从不考虑建筑的许多需要，认为这些需要是累赘而简化掉。他对构造细部如镶接、节点处理都极重视，无一点马虎放过。他的创作才华结合现代工业技术，使上世纪80年代"芝加哥精神"一度再现。如果詹尼代表芝加哥学派早期，而赖特继之主持芝加哥学派第二代"草原式"风格支流，则密斯所代表的就应称为"后期芝加哥学派"。出身于石工家庭而自称为"平凡的人"；由于20年代设计过共产党人纪念碑，便使纳粹分子和反动集团乘机说他的国际建筑形式背后隐藏共产主义。30年代初在纳粹政权统治下，包豪斯风雨飘摇，他掌管这学舍，只有表白无他，委曲求全，因而又被攻击成法西斯分子余孽；实在说，他的政治觉悟十分模糊，世界观与生活方式是典型资产阶级那一套。"一切为了创作"这前提，使他在冷战时期无法容身，更不必谈发展业务了。1968年纽约新艺术博物馆设密斯个人作品保管组，专司整理、研究、出版有关密斯建筑理论与实践的成果。以下我们再回到密斯在贝仑斯事务所工作的时代背景。

45. 未来主义

20世纪开始时,欧洲北部工业化已达相当规模,但城市除街道安装煤气灯,基本还是19世纪中叶面貌,意大利更是如此。1850年意大利开始兴建铁路,随之而来的是电灯、电车、电话与汽车。意大利北方工业发达在纺织业最为显著,10年之间生产增加三倍,钢铁生产由每年30万吨增加到100万吨。各行各业进度都以前所未见的高速在上升;尤其汽车作为交通工具,一般市民可以安详驾驶或乘坐,神话似的风驰电掣,甚至感到自己也变为机动的一部分。未来凡百事物,不再具有以往宁静性格而都是一日千里的科技社会新产品。来得突然的这种冲击导使意大利青年文人展望眼前动荡与剧变,由诗人们1909年在米兰提出文学艺术的"未来主义"(Futurism),不止一次发表宣言,并于1912年在巴黎展览未来派制图宣传品,宣言中充满歌颂机动车辆甚至刚出现的飞机的高速美。对机电文明与交通速度的夸耀,使生活在今天技术发展到外层空间时代的人们看来富有预言性。宣言中对老的、旧的都表示憎恶,迫切盼望欢迎新时代来临,鄙视拉斯金手工艺那一套思古幽情;消沉静穆气氛要代之以奔腾喧闹,指出新时代的美就是高速美,要求青年们走向街头进行文化革命。1914年本来跟随北欧新艺术运动又受过瓦格纳影响的圣伊莱亚(Antonio Sant'Elia,1888—1916),在米兰也响应而加入未来派行列,并发表宣言,阐明新材料如水泥、钢铁、玻璃、化工产品已把以木石为骨架的传统古典排出建筑领域;笨重庄严形象应代以有如机器的简便轻灵体式,一切都要动要变。他的城市建设设想表现在一些"新城市"(Citta Nuova)方案构图(图46),如多层街道带立体交叉,并有飞机跑道。1927年楚可(Giacomo Matte-Trucco)设计在都灵的菲亚特汽车制造厂,多层厂房屋顶的试车跑道起点旋转下达地面(图47),作为未来主义建筑设计一种尝试。1928年未来派信徒、画家、新闻工作者费利亚(Fillia)又办一次展览,已到墨索里尼政权时期;展品有建筑、绘画、室内装饰和舞台布景甚至一些宣传画。但未来派建筑多停留在方案阶段,少数完成的作品也和欧洲新建筑主流难以区别,表达不出什么"造型动力"(Plastic Dynamism)的未来主义特色。费利亚总是梦想未来派建筑有发展成为法西斯建筑的可能,因而继续印行一些刊物贴上未来主义标签。他竟然诡称未来派是法西斯政权代表性建筑,以取媚于统治当局,这岂不与未来主义原倡议理想背道而驰?但未来派分子有的甚至宣传战争,又倡言要把图书

图 46 未来主义理想新城市

图47 都灵菲亚特汽车制造厂

馆、博物馆都毁掉,因此遭到社会上讥笑与厌弃。到30年代,所称未来派建筑风格,仍然掺杂些德制联盟成员的表现主义,有的甚至与一般国际风格难以分辨。

III 第一次世界大战后

46. 风格派

未来主义研讨的对象是运动速度,立体主义探索的构图是空间加时间。未来主义要用有限时间征服无限空间,立体主义要在同一时间表现不同现象的存在和联系穿插。合并这两派的使命,结合立体派形象与未来派理想,在荷兰1917年组成"风格派"(De Stijl)。首倡者是凡·杜斯堡。第一次世界大战期间,荷兰中立,未蒙战灾,因此建筑事业反常旺盛,使青年建筑家们有机会迈步前进,竞露头角;不是出自幻想或战后烦闷而是通过议论探索与实践,把从本世纪开始后传下来的各种艺术与建筑派别论点,以立体派加上未来派为出发点,使建筑按几何学条例发展,以合乎新塑型主义(Neoplasticism)规律。凡·杜斯堡1917年主编美术理论性期刊《风格》,就把这词作为同时成立的集团名称。成员有建筑家、画家、雕刻家甚至作曲家。这派目的也是和传统决裂；建筑造型基本以纯净几何式，长方、正方、无色、无饰、直角、光面的板料做墙身，立面不分前后左右，专靠红黄蓝三原色起分隔区别作用，打破室内封闭感与静止感而向外扩散到广阔天地，成为不分内外的空间时间结合体。代表性建筑物是1924年里特维尔德（Gerrit Thomas Rietveld，1888—1964）设计在乌特勒支（Utrecht）的斯劳德夫人住宅（Schroeder House）（图

图48　荷兰乌特勒支斯劳德夫人住宅

48)。风格派组织到1922年经过一场动荡与改组。

由于这集团成员具强烈资产阶级派性,画家建筑家们互相敌视,势不两立。于是一些人离开,又一些人加入;始终不变的中坚只有凡·杜斯堡一人。原来,1919年凡·杜斯堡出游德、法、捷克等国,回来后,翌年改定和学派同名的期刊版式,与其他艺术派别展开串联,达到活动范围顶峰。1922年他离开包豪斯去巴黎,1923年举行风格派模型材料展出,他早在1921年一次讲演名为"风格之旨"(Der Wille zum Stil)中,就提出"机器美学"(Mechanical Aesthetic)这说法,认为文化独立于自然之外,只有机器才配站在文化最前列,才具有表达时代美的可能性,例如铁路机车、汽车与飞机。他强调机器的抽象性,不分民族国界,能起使全人类达到平等的作用;因为只有机器能节省劳动而解放工人,反之,手工艺则是束缚工人的枷锁。

47. 鹿特丹学派

风格派把崇拜机器提高到虔诚的宗教地位,和未来派的宣扬高速美达到同样狂热。由于风格派活动地区主要在鹿特丹,所以被划称鹿特丹学派(Rotterdam School),以区别于阿姆斯

图49　荷兰希尔维萨姆校舍（一）

特丹学派，尽管两流派都根源于贝尔拉格，阿姆斯特丹学派强调立面形式，而鹿特丹学派则侧重结构。20年代初期，凡·杜斯堡离开荷兰后，两流派接近到足以形成一个统一荷兰学派，而独立于两流派之间的有名中流人物则是杜道克（Willem Marinus Dudok，1884—1974），主要活动地区是希尔维萨姆（Hilversum），他除设计过市政厅建筑，此外几乎全是学校（图49、图50），主要在1921—1927年间善于利用传统地方材料甚至茅草做屋顶，但仍能达到新建筑造型精神。

图 50　荷兰希尔维萨姆校舍（二）

48. 贾柏

49. 构成主义

俄国十月革命展开人类社会的新局面，是社会革命而不是如西欧那样由机器的发明而导致的工业革命。在俄国，不但建筑事业随社会制度的改变而改变其性质，即建筑创作艺术思潮也由于新派绘画的出现而受到影响。1913年莫斯科抽象派画家、雕刻家马列维奇（Kasimir Malewitsch，1878—1935），基于立体主义设想，用木材制成建筑性雕刻，浮空穿插，以探索简单立方体相互关系。十月革命后，雕刻家两兄弟贾柏（Naum Gabo，1890—1977）[①]与佩夫斯纳（Antoine Pevsner）把未来主义结合立体主义的机械艺术，尽管和风格派出于同源，用不同手段，发展为构成主义（Constructivism），并于1920年发表宣言，阐明构成主义目的。贾柏雕刻风格本来就含建筑形象，重点放在结构和空间。他声称：人们再也不能强调自己是画家或雕刻家了，两者之间应不加区别。

50. 李西茨基

雕刻家不去塑造而是转到空间从事装置工作，雕刻材料也多样化；改用金属、玻璃、塑料等科学工业新产品。这样，雕刻家就很自然踏进新建筑领域。雕刻形象也来自立体派的球

[①] 贾柏本来学医，后去德国慕尼黑学艺术。1914年到北欧，决心做雕刻家。1917年回俄国，与弟共同发表1920年的《现实主义宣言》（*Realistic Manifesto*）。1922年在柏林居住到1932年，再赴英国，通过刊物做一系列有关构成主义艺术论述。1946年赴美国，再过7年，任哈佛大学建筑系教授。布劳耶设计的鹿特丹"蜂巢"百货大楼1957年完工，由贾柏所做雕刻陈列于橱窗外侧空场。

体、锥体、圆柱体。在建筑上,成为机器般无装饰无传统形式的既适合功能要求又具美感的空间组合。构成派首要人物,受马列维奇影响的建筑家画家李西茨基(El Lissitzky,1890—1941)于1921年离苏联去柏林,与荷兰风格派创始人凡·杜斯堡相遇,两人于1922年合签《构成国际》(*Constructivism International*)宣言,刊登于《风格》杂志,肯定了机器在时代生活所起重要作用,因此机器也就应是建筑楷模,这正符合风格派所持的机器美观点。构成派吸引力如此之大,以至1922年在柏林举办的"构成"作品展览,使包豪斯学生几乎全体由魏玛出发前往参观,并促进风格派一些成员与构成派结成伙伴关系。回顾风格派创始于1917年,包豪斯成立于1919年,构成主义1920年发表宣言;前后三年间出现三大新建筑阵营,而且相互发生联系,是不可忽视的重要史实。李西茨基虽然出生于资产阶级知识分子家庭,又在德国受过高等教育,但努力成名之后,不贪图在资本主义社会所享有的学术地位,在关键时刻,难易去就之间,毅然做出决定,回到革命后的祖国,过着笃信共产主义的一生。他推崇人物之一,卢那察尔斯基(Anatoly V. Lunacharsky,1875—1933)是苏联1918年成立的教育部艺术司司长,在十月革命前就曾在西欧旅游期间结识流亡的俄国具有激进思想艺术家。在新政权鼓舞下,他们共同努力进行重新建设革命后文化生活工作。直到30年代开始时,构成主义是苏联建筑思想主导力量;在公共、居住、工业、城规建设备各方面都涌现出新理论新作品;其中也掺杂一些西欧建筑界权威的贡献,如德国门德尔森1925年设计列宁格勒纺织厂,法国柯布西耶1928年设计莫斯科合作总部,等等。这期间被西方社会夸称为苏联建筑"雄姿英发"运动时代(Heroic Movement of Soviet Architecture)。李西茨基的活动这时只从事于展览装饰艺术设计工作,有时发表有关构成主义的论述。1930年他在维也纳刊行所著《俄罗斯:苏联复兴建筑》(*Russland:die Reconstruktion der Architektur in der Sowjetunion*),作为世界新建筑选集第一种,1965年再版时改称《俄罗斯:世界革命的建筑》,又在美国刊印1970年英译本。李西茨基坚持20世纪建筑是社会性的这一理想,即通过建筑主要是居住建筑,改进劳动人民生活。他一向为这信念做不懈的斗争,并引歌德的话:"我是人,那就意味着是战士。"应该认识到,构成主义不是俄罗斯土生土长的,其根源还是西欧。远在1880年前后,俄罗斯就存在仿照工艺美术运动的组织,然后又出现"艺术世界建筑家协会",主张摆脱古典主义束缚,完全自由创作,并于1898年刊行杂志《艺术界》,把西欧新艺术作品图片翻印介绍给俄国读者,嗣后由俄国去西欧游学的人逐渐增多而成为一股具有新建筑思潮的主力。领先而起桥梁作用的是李西茨基，因为他本人就是受西欧主要是德国教育的；他先把西欧前进艺术带回俄罗斯，然后又把苏联构成主义理论传播给西方。但苏联一些保守派竟认为构成主义完全是资本主义技术产物！

构成主义内部争论，集中于科技与意识形态的对立。由于建筑既要符合物质要求，又须表达政治思想。怎样调和这两种对立是不易解决的难题。于是出现不同主张的派系。1923年成立的"新建筑师协会"ASNOVA（Association of Modern Architects），创始人是拉道夫斯基（Nikolai A. Ladovsky，1881—1941）和道库夏夫（N. V. Dokuchev），把构成派的技术与思想对立问题接过来，企图通过辩证法来加以统一。接着，又有从1925年就开始发展的"现代建筑师学会"OSA（Society of Contemporary Architects）即后来的SASS（Sector of Architects of Socialist Construction），主要成员有李昂尼道夫（Ivan Leonidov，1902—1959）、金斯伯格（Moisei Ginzburg，1892—1946）与维斯宁兄弟（Aleksandr A. & Viktor A. Vesnin）等人，主张功能至上。1929年组成的"泛苏无产阶级建筑师学会"VOPRA（All-Union Society of Proletarian Architects）以历史学家米凯劳夫（Aleksei I. Mikhailov）与建筑家莫德维诺夫（Arkady G. Mordvinov）为代表，成员有弗拉索夫（A. V. Vlasov）与包豪斯的汉斯梅耶，都偏重建筑形式，批判前两组织的抽象性和空想并背离无产阶级。这学会把打击力量集中在李昂尼道夫身上，否定所有新学派，但最后也埋葬自身，为政府接管建筑职业铺平道路，导致1932年"苏联建筑师联盟"SSA（Union of Soviet Architects）的成立。这些派别与西欧某些建筑流派一样，是"坐而言之"能手，到"起而行之"时候，就并非每人都能达到按原则主张行事的地步，有的甚至倒退到折中主义古典一边去了。

构成主义宣言之前就完成的一个杰出代表作品是1919年冬公开展览的塔特林（Vladimir Y. Tatlin，1885—1953）设计的第三国际纪念塔模型（图51）。他和马列维奇一样，也是1913年就尝试刚萌芽的构成主义造型。这纪念斜塔用钢制露明螺旋式骨架，高396米，象征人类自由运动和自由意志，摆脱地心引力，因而也就摈弃生活中贪得欲望与私心杂念。骨架内悬挂两座圆筒形玻璃会堂，彼此用不同速度相互转动。轻灵骨架形成的内外空间交织在一起，类似巴黎铁塔。这座技术加艺术合成体，既是雕刻又是建筑。1923年维斯宁三兄弟（Alexander, Leonid & Victor Vesnin）设计莫斯科中心区工人宫建筑方案，钢筋水泥框架结构，屋顶竖起钢格架塔柱，拉起广播天线，内部有8000人会堂和6000人餐厅，作为社会生活动力中

图 51　苏联塔特林第三国际纪念塔模型

心。翌年,维斯宁两兄弟(A. A. & V. A. Vesnin)又提出列宁格勒真理报馆建筑方案(图52),用希望尽快得到的钢铁、玻璃和水泥实现。馆屋平面仅仅是每边6米见方,临街一面满布广告、招牌、扩音器、时钟，甚至电梯也透过玻璃显露全形，都是强调科技的构成主义艺术手段。这方案被李西茨基评为典范构成派作品，但只能停留在方案阶段，当时经济技术物资条件下尚无实现可能。

继这些方案之后，1925年有机会实现小规模展览建筑，即这年在巴黎举办的国际现代装饰工业艺术博览会苏联馆（图53A、图53B）由梅勒尼考夫（K. Melnikov, 1890—1974）设计，是西

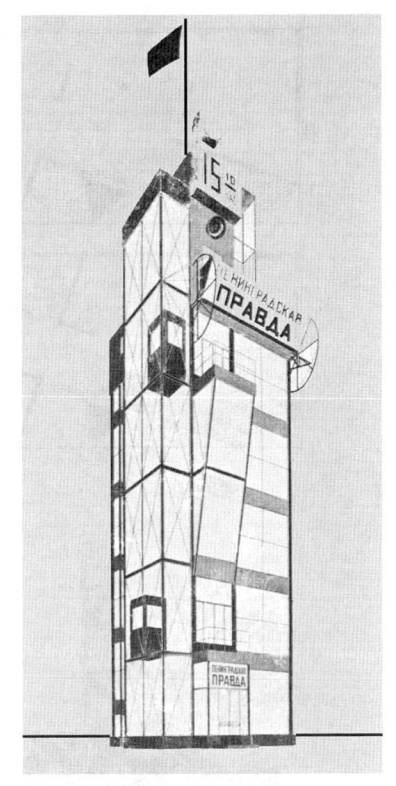

图52 列宁格勒真理报馆建筑方案

方首次接触的苏联本土以外的苏联建筑，并受到巨大冲击。馆屋全部用木料建成，不是用沙俄时代木工技术而是现代化技术施工。长方形平面，高两层，扶梯位于对角线，正立面一半玻

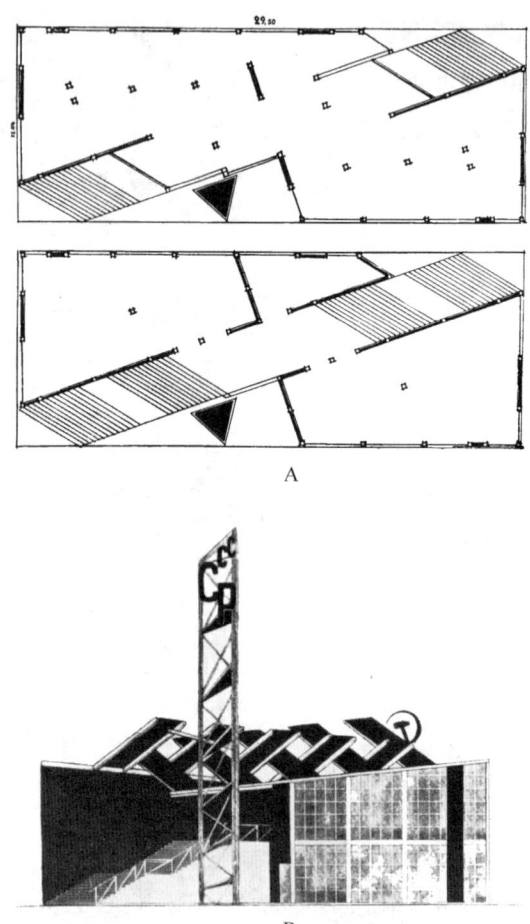

图 53　巴黎 1925 年国际博览会苏联馆
A——平面图；B——立面图

璃，一半敞开，从馆外可见扶梯，扶梯一侧是三角格架竖塔。1927年他设计莫斯科工人俱乐部（图54），观众厅尾部由上层挑出天空。在巴黎博览会场出现的另一座有冲击性馆屋是柯布西耶设计的"新精神"（L'Esprit Nouveau）居住建筑，出于当时美术部长官方面有力支持，这馆屋才可能实现。但博览会最

图54　莫斯科工人俱乐部

Ⅲ　第一次世界大战后

图 55　巴黎 1925 年国际博览会"新精神"馆

糟一块空地被划给柯布西耶，地上一棵树又碰不得，并在四周圈起篱笆禁人参观。对这些不利条件柯布西耶处之泰然。他把起居部分的屋顶留一圆洞，使树的枝叶从中穿到上空（图55）。博览会国际评判组长说这不是建筑！1931年柯布西耶应邀参加莫斯科苏维埃宫建筑方案竞赛。苏联政治空气从1930年起逐渐对抽象艺术怀有疑惧，重温现实主义建筑风格而批判构成主义，认为构成主义建筑其目的只是革命，无视工程建设过程，醉心于造型，夸示新材料，和资本主义世界沆瀣一气。这样，苏维埃宫由富有时代精神的创作如杰出理论家金斯伯格的新颖豪放方案与柯布西耶富有构成主义工程技术规律创新措施设计（图56、图57），都被具有庄严壮丽古典气氛的约凡

图56　莫斯科苏维埃宫建筑方案（一）

图57　莫斯科苏维埃宫建筑方案（二）

等(Boris M. Iofan, V. Gelfreich & V. Shchuko)三人合作方案所击败。教育部长卢那察尔斯基一反十月革命时期前后的激进观点,正式肯定苏维埃宫方案必须含有古典成分才够得上社会主义创作,导致从1932年起,构成主义在苏联建筑界一蹶不振。但在这以前,还存在西欧建筑打进苏联最后一次机会,即1928年苏联合作事业联盟负责人鲁比诺夫(M. Lubinov)委托柯布西耶设计前述的莫斯科合作总部(Centrosoyus)大厦(图58、图59,1933年后改归轻工部统计局)。总部供3500人办公

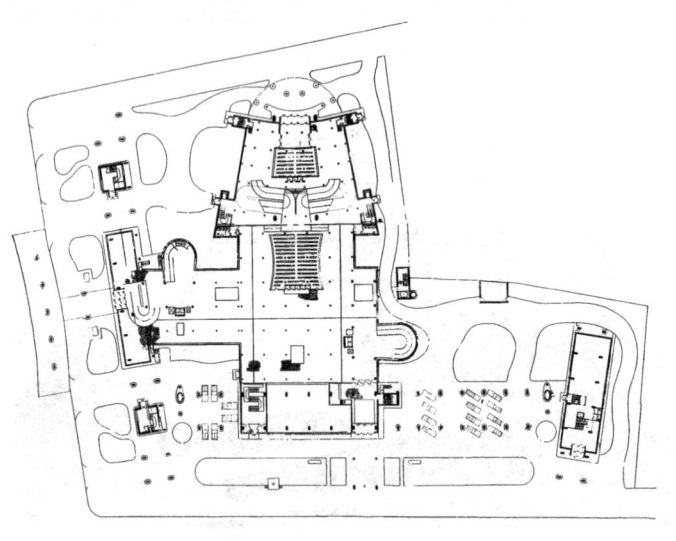

图58 莫斯科合作总部大厦平面布置

图 59　莫斯科合作总部大厦

使用，附餐厅与社会服务文娱活动图书阅览用室。但建筑基础完工后，由于材料供应问题而停顿。后来，终于把钢筋水泥框架搞上去，但因不属于五年计划范围以内又停工两年，到1934年才全部告成，工程进行期间人们议论纷纷，对传说即将出现的玻璃盒子冬冷夏晒问题，深感关切；"无产阶级建筑师学会"则斥这大厦是托派折中主义幽灵，但积久舆论渐有转变；好评到1962年达到高潮。这年苏联《建筑》月刊末期以庆祝柯布西耶75岁寿辰为标题，专栏介绍这大厦图样模型与照片。这也不奇怪。尽管1932年斯大林提出建筑的社会主义现实主义方针，直到1939年初仍然是折中古典传统与构成主义并存而又相争时期。同时也不排除国外建筑家的成就，美国的赖特与意大利的奈尔维（Pier Luigi Nervi, 1891—1979）是苏联建筑界最推崇的人物。1937年赖特到莫斯科访问，对当时苏联建筑现象持批评态度，并未引起反感。苏联人解嘲说，没关系，把它拆掉算了。但后来赖特回忆，"他们未曾拆掉任何建筑"。主流是，无产阶级文化的内容和民族的形式这一设计原则在1955年以前占统治地位。沿莫斯科河8座30层左右喜庆蛋糕式高层建筑到1953年已全部完成；跟着就受苏共中央发动的反浪费设计与修筑的斗争而使设计工作者又被引回到考虑经济不再强调装饰的道路；这也符合施工工业化标准化要求，而况又正与国际建筑风格合拍。苏联建筑趋势从50年代直到今天总是以工业化精神与唯物美学观点为基调，看来不会再有反复。

51. 日内瓦国联总部建筑方案

建筑方案竞赛为各流派提供比较又兼争执的论坛。柯布西耶每有机会都不放过辩论抗争的可能。他于苏维埃宫1931年被否定后，次年致函卢那察尔斯基，对约凡方案的被选表示吃惊，并向方案评选主席莫洛托夫申述观点，说这一决定给苏联建筑生动力量拖后腿；新建筑最能表现时代精神，西欧建筑家把希望寄托在苏联这块革命的新建筑创作园地。他这申述未得到答复，得到的是1933年消息；传说莫斯科街头游行队伍高举标语旗帜写明"要古典不要新建筑"！争辩高潮到1927年曾经达到顶峰。这年柯布西耶参加日内瓦国际联盟总部建筑群方案竞赛。日内瓦从世界各地收到377件方案。评选委员6人来自英、法、比、奥、瑞士、荷兰,有学院派也有老一辈先进权威如贝尔拉格、霍夫曼等人。评选首席是新艺术运动名宿霍塔,这群人物虽然起联系过去与现代的桥梁作用,但对新兴欧洲建筑潮流则摸不到方向,以霍塔最为突出。五花八门各种方案从正规古典到构成主义到铁架玻璃梦殿迷宫,使评选人中的学院派遭受前所未遇冲击;虽然这派后来占上风,但逃脱不了历史的责任和真理的考验。柯布西耶方案(图60、图61)是按功能

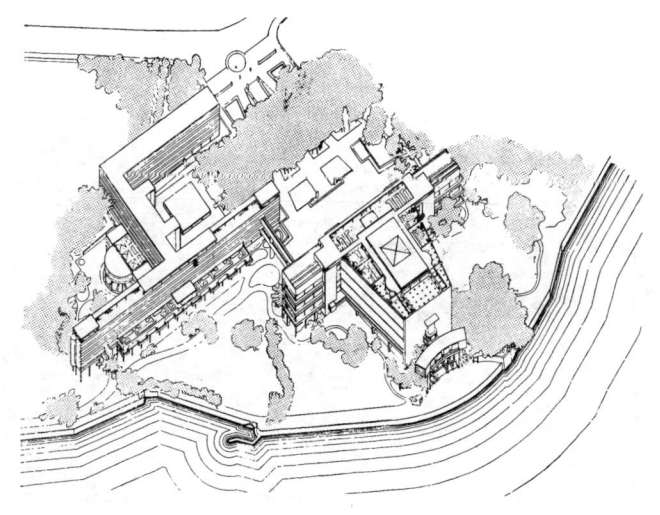

图60　日内瓦国际联盟总部建筑群方案(一)

分析来安排国联各样活动空间如：经常工作的秘书处，附参考图书馆；不定时各委员会的议事厅室；国联每年三个月开会用的大厅以及每年一次的2600座高视听质量大会堂，由于基地面积限制，只有采用柯布西耶的不对称而敞开的总平面布置，才有可能适当安排每一部门并使工作人员有机会从室内望见日内瓦湖光山色。建筑底层尽量透空，穿过明柱可看到湖边。交通注意到分隔车流人流。工程造价预算还是经济的。尤其可贵的是，由大会堂方案可见天花板抛物线剖面斜升，在无

图61　日内瓦国际联盟总部建筑群方案（二）

电声时代，有助于音响反射，使每座听得清晰①。评选过程几经反复。贝尔拉格、霍夫曼等属意于柯布西耶方案，但保守派反对。霍塔依违其间，而他作为新艺术运动元老、布鲁塞尔人民宫设计人，本来具有决定性权威。各方相持不下，只有采取折中办法，选出9个方案包括柯布西耶的在内，均列为头奖，后来又减到4个。这时忽然发生改变基地的决定。柯布西耶再次参加修改。最后，不包括他在内的四人小组方案，仍然脱离不了他修改以后的设计精神，建筑风格也只能停留在拼凑而成的新古典面貌（图62），于1937年完工。这场论争既标志新建筑暂时挫折，也给学院派致命打击，因为学院派自身证明无力解决现实的技术与风格难题，于是四平八稳、毫无生气的国联大厦，遂脱稿于认识落后，建筑落伍者几位庸才之手。柯布西耶对评选不满并向国际法庭申诉，未被受理。1940年他的国联建筑方案全套由苏黎世大学购存。他1933年参加比利时安特卫普50万人城市规划落选，方案被斥为癫狂糊涂作品。同年他又参加瑞典、瑞士和非洲几处建筑规划，都由于过分表现新时

---

① 这样的反射天花板是根据利昂（Gustave Lyon）音响学专家的建议。巴黎刚建成的"普来雅"音乐厅（Salle Pleyel）就是用这样抛物线式剖面，建筑设计者是葛拉莱（Andre Granet）。

图 62　日内瓦国际联盟总部完工后外观
[沙托利斯（Alberto Sartoris）所著《功能建筑提要》中把这图用斜线勾掉，表示批判]

代科技精神而落选。但他并不气馁，反而说这些挫折代表胜利，"我们的方案被剔下来，会变为公开控诉人，正义的社会，一定能用这些方案判决那群官僚主义者"。他自信如此之强，以致在一种观点被否决之后，下次在其他方案中，再照样摆进去，如1927年他处理国联大厦一些手法，又用于1928年莫斯科合作总部的设计。

柯布西耶本名Gharles-Édouard Jeanneret-Gris。笔名Le Corbusier是1919年在他创刊《新精神》第一期上首次出现的。柯布西耶这称呼来自他一位法国远祖，嗣后就拿这作为姓氏，《新精神》有建筑专栏；1923年他整理这专栏辑成一书称《走向新建筑》(*Vers une Architecture*)。书中末章提出"不是建筑就是革命",主张社会问题可用建筑而不必革命去解决。这和前述李西茨基所提出建筑的社会性看法相近。此书随即被译成英、德文出版。莫斯科构成派建筑家们立即把柯布西耶当作同路人,金斯伯格1924年著《风格与时代》(*Style and Epoch*),观点也接近柯布西耶的书。柯布西耶未读过建筑专业院校,出生在瑞士一生产钟表地区,家庭几辈都是表壳装饰刻工。他14岁时入当地美术学校学习刻板与装饰,初次接触到北欧新艺术动态,这对他有深远影响,18岁时就开始为乡人设计一所住宅,然后拿报酬于翌年遵照业师嘱咐,背着旅行袋到处游览写生,走遍意大利、奥、匈各国。1908年初到巴黎,进入佩雷事务所而从他学到对新建筑起作用的钢筋水泥的认识及设计原理,这对自己的前途有极大影响与帮助,并由佩雷的介绍认识了刚受到立体画派启发的奥赞方(Amédée Ozenfant),从他学画。两人于1917年首倡"纯洁主义"(Purism)画派,把立体主义演进一步到最简单状态,1910年他去柏林进入贝仑斯事务所,这时格罗皮乌斯、密斯早已是这事务所从业员。柯布西耶则只待几个月,但很快掌握了当时艺术结合科技权威人物贝仑斯的思想方法。1911年柯布西耶东游捷克、巴尔干半岛、小亚细亚和希腊。1922年在巴黎为奥赞方设计画室住宅（图63）；又在沃克瑞桑（Vauclesson）为一富室设计住宅（图64），是继路斯1910年完成的斯坦纳住宅后又两座新建筑，具有素壁光窗、屏除装饰的共同面貌。柯布西耶的被评为建筑最革命的定义名言是"屋者居之器"（Une Maison est

图63　巴黎奥赞方画室住宅

une Machine à Habiter）。"器"意为工具，他认为房屋应如机器般简洁明确，合理合用，标准化并可大批生产，而且又便于维修。他只把机器作为比喻，并不是说房屋本身就是机器或该做成像机器，而只指出两者具有共性，要素是技术加功能。1922年他提出"分户产权公寓"方案（Immeuble-villa）即Freehold Maisonette（图65），容120户，各有阳台式花园与公用设备。住户以租金积累最终抵偿买价而获得产权。这建筑方案迅即被德国法兰克福市长恩斯特·梅（Ernst May）在1926年用于预制板居住建筑设计，又被金斯伯格于1928年用于莫斯科一座财政部职工集体宿舍（Narkomfim Communal House）的设计。但由于鸽子笼式高功能紧凑布置太无灵活性而不受欢迎，未得推广。

图64　沃克瑞桑地区住宅
A——现状；B——原型

图 65　分户产权公寓方案

52. 国际新建筑会议CIAM

20年代末期的科技发展，哲学、艺术、政治、经济的革新思想齐头并进，以及爱因斯坦理论、十月革命震撼、机器与航空技术的跃进和追求高速，展望未来，都引起人们思想变化，尤其抽象画派对建筑造型的影响，这些都再也不能被忽视了。柯布西耶由于国联总部方案落选而耿耿于怀，又目睹新建筑正在发育成长，因而于1928年也就是国际建筑家合作设计斯图加特住宅群展览的次年，他纠合具现代思潮建筑家在瑞士一古堡聚会。贝尔拉格也从荷兰赶来作为最老一员参加并宣读论文。大家组成"国际新建筑会议"CIAM（Congrès Internationaux

D'Architecture Moderne）；目的是为反抗学院派势力（难道这里没有学院派吗？）而斗争，讨论科技对建筑的影响、城市规划以及培训青年一代的诸问题，为现代建筑确定方向，并发表宣言。宣言大意是，建筑家使命是表达时代精神，用新建筑反映现代精神物质生活；建筑形式随社会经济等一些条件的改变而改变；会议谋求调和各种不同因素，把建筑在经济与社会方面的地位摆正。这宣言成为会议存在28年中的全部活动基石。会议宗旨是坚持研究与创作的权利，树立独特见解。基本以居住建筑为主，当然也就牵涉到城市规划领域。次年在法兰克福举行会议，由市长恩斯特·梅主持，他作为欧洲经济住宅问题权威，把讨论集中在低造价工人居住建筑设计，由恩斯特·梅提出命题为"起码生活住所"（Die Wohnung für das Existenzminimum）。会议原则上每两年举行一次，但时有改变。

53.《雅典宪章》

1930年在布鲁塞尔，把讨论由居住建筑引向城市功能问题，为1933年雅典会议专题城市规划铺平道路，即后来闻名的全由柯布西耶一手炮制的《雅典宪章》（*Athens Charter*）。《宪章》提出城市功能四要素是居住、工作、交通与文化；城规素材是日光、空间、绿化、钢材与水泥。会议并草拟城市建设法规，提供行政当局参考。评论者指出：城市四功能不也适用于乡村吗？而且城市历史因素与人口激增的对策被遗忘了。1937年在巴黎开会，国际政治气氛日益紧张，接着就是次年柯布西耶书面呼吁："谢谢大家，不要军火枪炮，希望搞点住宅吧！"（Des canons, des munitions? Merci! Des logis...S. V. P!）从会议肇始以迄1938年的10年内，主要活动家是柯布西耶、格罗皮乌斯和吉迪翁三人，是这组织雄姿英发的10年，也是新建筑由青春成长到壮岁的10年。会议活动到第二次世界大战暂停。有关《雅典宪章》不足之处，1942年由赛特（Josep L. Sert, 1902—1983）发刊一书名为《城市能存在下去吗？》加以澄清。1947年在英国开第六次会议，旧识又复聚首言欢，缅怀往日，由吉迪翁编辑成员战前建筑作品选集，题为《新建筑十年》（*A Decade of New Architecture*）。越二年，在意大利开会，形势起些变化；会议外围涌现一群在战争时期成长的学生，表示他们对新建筑一些创始人物的景仰。1951年在英国、1953年在法国两次会议，参加的学生人数越来越多，对学院派以往的把持开始表示不满，引起新老之间的矛盾。到第十次会议在南斯拉夫1956年举行时，青年一代公开造反，因而赢得"十次小组"（Team X）称号。内部斗争使一些代表甚至不愿承认与会议有任何关系；虽然经过和解而于1959年续开会议即最后一次会议，30年的国际合作运动终于无法继续而宣告结束。主要原因有的说出于某些人想要组成学派的愿望，尽管柯布西耶本人说过，"取消一切学派吧，包括柯布西耶学派在内"。但在宣传与推广新建筑和城市规划扩大到世界范围，并对具有相同前进建筑思想的人起联系交流作用，其影响之深，实不下于任何其他学派[①]。1979年这"会议"加一"新"字，在加拿大多伦多市又开一次建筑与规划会议。

54. 新建筑研究组MARS

政治哲学在国际上的对立，关系到30年代新旧建筑风格影响的消长。正当新建筑在苏联与德国遭受遏抑，在英国却开始

---

① 1978年有些建筑家在秘鲁集会，继1959年"国际新建筑会议"解散之后，发表《马丘比丘宪章》（*Charter of Machu Picchu*）；强调建筑必须考虑人的因素，要结合大自然，结合生态学；要和污染、丑陋、乱用土地和乱用资源做斗争。自从"国际新建筑会议"组成以后，世界人口加倍，这对粮食与能源产生严重影响。

抬头。20年代英国建筑家做些日用品装饰花样革新尝试，逐渐在居住建筑试探新风格，再发展到公共建筑领域，终于蔚然成风而与欧洲大陆走同一步调。革新运动萌芽于1931年。一伙青年建筑家由于接受1928年组成的国际新建筑会议集团观点并作为其分支，尤其服膺格罗皮乌斯、密斯、柯布西耶业务上的成就，作为响应，成立"新建筑研究组"MARS（Modern Architectural Research Group），居住建筑研究者约克（F. R. S. York，1906—1962）是发起人。1938年举办展览会。1942年的工作是起草伦敦发展规划，将工商业行政机构放在沿泰晤士河东西方向，近似线型城市观点。这研究组在英国是出现最早的新建筑集团，到1945年停止活动，开风气之先。

55. 泰克敦技术团

1932年"泰克敦技术团"（Tecton Group—Architects and technicians organization）设计组成立。创始人鲁伯特金（Berthold Lubetkin，1901—1990）生长于苏联，就学于莫斯科、巴黎，兼在佩雷事务所工作过，1930年离开法国到伦敦，与刚出校门6名英国青年建筑家如拉士敦（Denys Lasdun）等合组事务所；1933年设计伦敦8层公寓，又设计伦敦动物园企鹅塘上的钢筋水泥螺旋桥（图66），首次使人刮目相待。拉士敦1965年设计伦敦国立剧院。但作为学派，影响大而又持久，应推60年代出现的"阿基格拉姆"（Archigram），另见后述。

图66　伦敦动物园企鹅塘螺旋桥

56. 新艺术家协会

1929年法国建筑家结成统一阵线，组成"新艺术家协会"（Union des Artistes Moderne），包括画家、雕刻家、建筑家；主要目的是每年举办新作品国际展览。柯布西耶、格罗皮乌斯与杜道克于1931年加入。协会1934年发表声明，驳斥敌人传布的谰言如新建筑只不过是异国情调，机器的奴隶，赤裸贫乏的外观难以满足艺术要求，对法国生产力有坏影响，等等。这时已出现新建筑在法国的开展。

57. 萨沃伊别墅

柯布西耶1929年在巴黎郊区设计萨沃伊别墅（Villa Savoye）（图67、图68，1959年法政府公布为建筑名迹），这是他的代表杰作，其中把《走向新建筑》书中五特点都体现出来，即一、头层悬空，支柱暴露；二、平屋顶花园；三、框架结构，平面立面布置自由；四、横向连续条形玻璃窗提供

图67　巴黎萨沃伊别墅平面

大量自然光线；五、贯通两层高的起居室，以及坡道、螺旋扶梯、弧面墙包围小间等布置手法，形成抽象空间。这座白壁悬空住宅，宛如田野间一盘机器，是脱离自然环境的人工制造品。和赖特的草原式住宅相比，则草原式如土生土长，住宅是作为地面一部分升起的。无怪赖特讥笑萨沃伊别墅是"支柱架起白盒子"。1932年柯布西耶设计巴黎救世军收容所（Cite de Refuge）（图69），是国际组织收养无家可归的男女，免费供给食宿。这6层楼有五六百张床位，附设餐厅。密封双片玻璃窗是首次尝试，中间流通冷热空气，常年保持18摄氏度

图68　萨沃伊别墅（第二次世界大战时外观）

图 69　巴黎救世军收容所正门

恒温。但由于无前例可寻，经验不足，以及造价限制，这理想尚难实现。为避免日晒，后来不得不乞灵遮阳板，以致大面积玻璃幕墙外观被打乱了。这年他又设计巴黎瑞士学生会馆（图 70），被评为最富想象力、最活泼的创作。他这次一反惯用的白色粉刷外墙，而采用多样材料处理立面各部分，如毛石墙以

图70 巴黎瑞士学生会馆

及带木纹捣制的水泥面，不再加盖粉刷。

1935年他应纽约新艺术博物馆MoMA（Museum of Modern Art）之约，去美国在几个大城市讲演并展出作品；回国后著《当教堂是洁白的时候》（*Quand Les Cathédrales étaient Blanches*）。书的命题原意是著者缅怀中古时代洁白石砌大教堂，供当时群众集会和议论场所，因而使他联想到今天大工厂车间；在这里，有的劳资双方对抗，也有的在合作。他参观底特律福特汽车制造厂，特别欣赏其生产方式。他在纽约看到密集高层建筑，却埋怨美国人胆小，楼不够高，尽管很多，但如把纽约全市拉平也不过4层高。他毕竟为85层高达400米帝国大厦所吓倒，但在其艺术处理上斥为无知；认为美国建筑家是对结构工程师的玷辱，也未能正视高层建筑对城市规划所应起的作用。他本来满怀信心认为美国经济条件足可实现他的独特抱负，岂料美国社会并不买账，使他到处碰壁，因而大起反感。

Ⅳ 第二次世界大战后

　　第二次世界大战爆发后,柯布西耶有一段时间避居靠西班牙边境山区,研究简易自建住房方案。他1930年设计过智利太平洋海滨一所住宅,利用毛石与刚伐下的木料,作为墙壁楼板屋顶,加盖陶瓦,建材古拙并不使他在创造新建筑风格有任何减色(图71)。 1933年他又在巴黎郊区及大西洋海岸用同样手段设计村居。1941年他和设在法国南部的贝当政府接触,不是为争取纳粹傀儡政权的建筑设计任务,而是谋求为战时无家可归的人们提供自助修建简易住宅如干打垒之类。正当官方考虑授权使他制定建筑法规并草拟城市建设政策,以施展他的平生抱负,就有人出来反对。失掉这机会以后,他被迫以绘画消磨时间兼草拟战后复兴计划。他本来无意混入政界而只不过希望通过官方渠道实现理想。既已介入又想超然,未免太天真了。

图 71　智利太平洋海滨住宅

58. 联合国总部

1946年他再次赴美，作为法国公民（1930年入法籍）代表政府参加九国代表［中国代表梁思成（1901—1972）］组成的联合国总部建筑选址委员会。地址决定在纽约市区东河沿岸之后，他指导助手草拟建筑方案耗时5月，但最后被决定负责设计施工来完成总部包括39层高容纳3400工作人员的秘书处大厦的不是柯布西耶而是哈里森（Wallace K. Harrison，1895—1981），柯布西耶气急败坏，用最粗暴语言，背后骂哈里森是恶棍。事实证明，哈里森1950年完成的联合国总部建筑群与柯布西耶1947年所做草案（图72）十分相似。如果哈里森自觉有

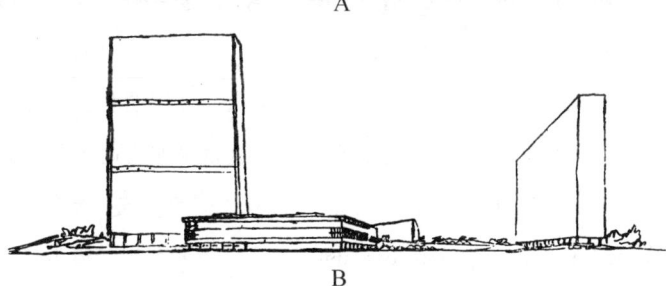

图 72 纽约联合国总部建筑群
A——现在外观；B——柯布西耶原方案

掠美之嫌,那他会私下向柯布西耶致意,以符合资产阶级社会"行规"和起码处世准则,哈里森从20年代起即在纽约打下业务基础,有丰富组织才能与经验和一帮得力助手,尤其在高层建筑保证工作效率与工程质量不该成问题。联合国的决定,撇开美国通行建筑界行为标准不谈,还不能认为不适当。

59. 马赛居住单位

自从柯布西耶1907年旅游时看到修道院建筑群既有单人静修小间又有公共聚餐大厅、祈祷教堂以及活动园地,再加上他受过空想社会主义者傅立叶和欧文影响,得到启发,结合1922年所做分户产权公寓方案,设想把千人以上集中在一座高层居住建筑,每家一单元两层,自有扶梯上下。重叠交叉,用有限走廊到达各户。每人既享有私用又得到公用便利。高层节约出来的绿地,充满阳光新鲜空气,这就是他所追求的"光辉城市"(Ville Radieuse)。他把这立体花园"城"方案命名为"居住单位"(Unité d'Habitation),推荐到巴黎城市复兴规划部,作为第一座试验性居住建筑。1947年兴工,1952年完成(图73、图74),共容1600人,按每户人口多少分成23种不同单元,总共340户。每户楼上布置卧室,楼下是厨房和部分

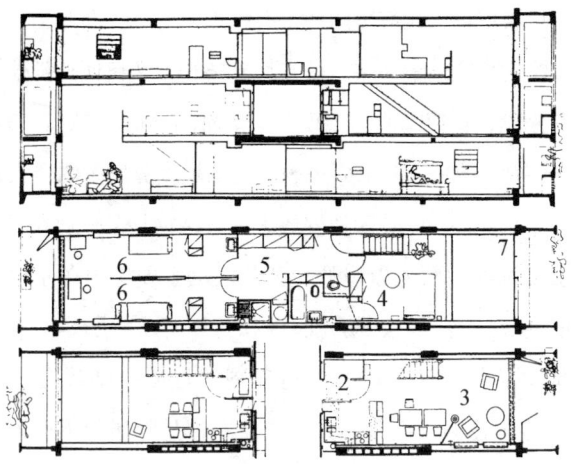

图73 马赛居住单位平面与剖面

图74 马赛居住单位西立面

两层的起居室。单元前后两面都有缩进阳台,一面对山,一面看海。建筑高度55米18层。基本尺寸15种,来自他独创根据人体节奏分段、长短比值的"模度"(Modulor)决定。长方形阳台立面宽、高比接近1.61……就是从模度算出来的。大量重叠阳台如此悦目,以致即使安放天线或杂物甚至晾晒衣服也只能增加装饰作用而无碍观瞻。公共活动主要集中在屋顶,如露天演奏、体育练习、幼儿园地和儿童游戏场所等。第七、八层是食品售卖区,以及尚待实现的理发、邮政、报摊、餐馆、旅舍设施。由于每户上下左右都是邻居而不得不采取特殊隔音做法(主要利用铅板),柯布西耶对此保有专利权。从开始使用到1953年,已有50万人来参观见习。门券收款一部分也由他取作回扣。社会的好评使他得到鼓舞,设想用这样居住单位方案解决法国战后400万家住房问题。立体派画师毕加索来访,盘桓竟日,向他提出要求:到他的事务所学习建筑制图!这正打动他的心弦,因为他早已自封是建筑艺术界毕加索。格罗皮乌斯也由美国来参加公寓落成典礼,说"柯布西耶创出崭新建筑词汇。如果一位建筑家对这公寓不生美感,那他应赶早搁笔"。社会上新闻界也有人唱反调,指出这样单调集体生活不近人情;医生们认为会造成精神病患者;公民团体甚至控告柯布西耶对风景与市容犯损毁罪。这居住单位从设计到完工5年期间，政府更迭10次，城市复兴规划部长换了7人。只是出于城市部长佩蒂（M. Claudius Petit）对这工程的坚决支持，才得最后告成，立即被评为本世纪最杰出建筑。柯布西耶的无限自信心，使他有勇气用同样方案于1953年设计法国南特城的居住单位，作为第二座；又于1957年在柏林设计第三座。有的单位不附公共活动设施；1960年又在法国建第四座。

马赛公寓建筑构造，从中可以看到柯布西耶一些新颖做法。除上述用模度决定阳台楼板平面以及天花板隔墙各尺寸，他还首次把地面上的架空支柱做成上粗下细，并把每组双柱叉开成为梯形；使水泥面层停留在暴露模板木纹与接缝阶段而不再粉刷；其他水泥面层也极粗糙。这就一下子改掉早期光平洁白但不久便遭雨雪灰尘浸染的陈规。其实这做法他早在30年代就采用了。作为画家，很自然他会在建筑物上施加彩色，但这次不在立面，而只在阳台侧面墙涂红、绿、黄诸色。在内部，也用强烈颜色涂在各层走廊壁部以减轻暗度。在建筑物上涂色，他1925年设计工人住宅已经试过。但那时是用几种颜色把外墙完全涂满。

第二次世界大战时法国东部朗香（Ronchamp）山顶圣母教堂（Notre-Dame du Haut）毁于战火。1950年准备重建，邀柯布西耶设计，他谢绝了，但又改变主意，一日独自来这地区高阜,度量地势,做些笔记,然后设计出一座基本是雕刻品的教堂(图75)。结构用钢筋水泥支柱,砌毛石幕墙,粗犷水泥盖面;上覆双层钢筋水泥薄板屋顶。屋顶、地坪、墙身多做斜线曲面形。屋檐与墙顶有一条空隙隔开,形成横窗,使屋顶似乎飘浮上空。屋檐向上翻卷,可使院内布道声音反射给听众。这教堂各部分尺寸都由模度决定。柯布西耶把这得意建筑视为掌上明珠。造型首次冲破他在战前惯用的机械几何直角而用大量

图75 法国朗香教堂

曲线，手法近乎古拙，这也不是突然决定而是来源于1928年柯布西耶与奥赞方纯洁画派的抽象造型，作为新表现主义作品。

60. 昌迪加尔

当全世界在前进变化，东西方文化交流是现在的趋势。在印度，把欧洲技术结合亚洲地方特点生活习惯而出现一种具现代精神的建筑群，以表达柯布西耶设计昌迪加尔公共建筑的成就。第二次世界大战后，印度独立，巴基斯坦分出做另一国家。印度选喜马拉雅山脚建设旁遮普邦新首府昌迪加尔（Chandigarh），地势夹在两河流相汇之间，柯布西耶1951年被聘做这首府规划并设计一批公共建筑[①]。政府建筑群如议会大厦秘书处办公楼（图76）、法院（图77）以及邦长官邸，都由他负责。他主要从当地气候出发，不依赖空调克服日晒和雨季问题。这突出地表现在法院建筑；钢筋水泥薄壳屋顶如伞一般架空以蔽雨遮阳，并脱离外墙与内隔墙，使屋顶下面气流畅通，外墙有遮阳格板挡住日光直射。议会下院大厅上空

[①] 昌迪加尔规划与建筑设计工作还有英国人富莱（Maxwell Fry）（格罗皮乌斯滞英期间与他合过伙）、德鲁（Jane Drew）（女）和柯布西耶族弟Pierre Jeanneret参加，直到完成。柯布西耶负责政府建筑。

图76　印度昌迪加尔议会大厦秘书处办公楼

图77　印度昌迪加尔法院

露出工业建筑冷却塔以代替空调设备。早在全世界1973年发生能源危机之前,他已预先采取征服太阳热这一措施了。他在印度工作期间对当地建筑工作者告诫说,"不要抄袭西方榜样,应该忠实于本土文化与建筑材料"。幸运的是,他在印度的建筑作品对当地没起看得见的影响。

日本建筑家，20年代紧跟欧洲新建筑运动，经常了解维也纳分离派、德国表现派、包豪斯以及柯布西耶活动情况。1927—1929年间，岸田日出刀、前川国男、坂仓准三，先后去巴黎，入柯布西耶事务所学习兼工作一段时期。1958年东京筹建国立西洋美术馆，陈列已故久居巴黎的日本收藏家松方所遗一批西方新派绘画雕刻作品，邀柯布西耶负责馆屋建筑制图，交给他日本门徒前川国男、坂仓准三等在东京代理施工，于1959年完成（图78、图79）。柯布西耶曾为此事做过

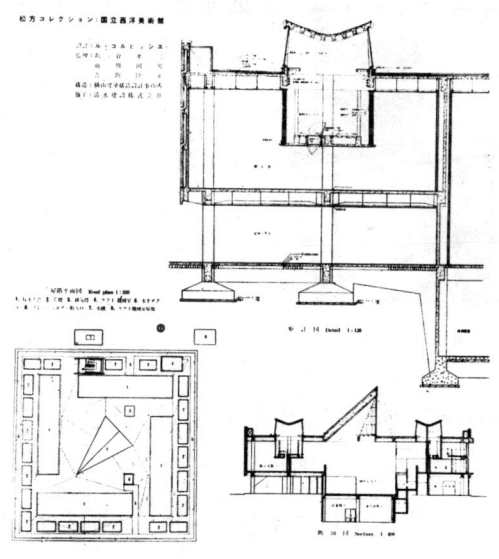

图78　日本国立西洋美术馆（一）

图79　日本国立西洋美术馆（二）

东京之行。这馆屋存在的问题主要在照明。光线由屋顶玻璃窗射入，通过狭窄空间反射到陈列品，但对光线变化不能施加控制，以致难以使一些依赖强光的展览画面满足需要，而无足轻重的角落里反得到充分光线。馆的平面方案是柯布西耶独创的方形水平螺旋体，可以在外围打转伸张以扩大展览面积，赖特设计的古根海姆博物馆则是盘旋上升圆形立体螺旋。柯布西耶1954年在印度阿默达巴德设计一座方形平面美术馆，也是用类似东京的做法布置平面。

1960年柯布西耶完成里昂附近一所修道院建筑（Sainte Marie de La Tourette）（图80），位于山坡林际，分层安排100间修士宿舍、课堂、图书室、餐厅。柯布西耶通过自身孤僻性格，很自然地表现在利用传统四合院透出这建筑的简朴严肃气

图80　法国里昂附近修道院

氛。1962年他由于完成了哈佛大学视觉艺术展览馆（图81）而终于在美国留下一座自己设计的建筑。馆屋5层，由通向两条街道的钢筋水泥斜坡旱桥穿过馆的第三层中部，馆的正门就在这层；再由这层向上或向下走到各部门如陈列室、图书室、讲演厅、招待远来艺术家工作室等。馆屋位于古老建筑群中，与传统环境显然不协调。但也有人认为，从向传统观念挑战中取得经验，也是学校教育重要的一环。哈佛肯为这一信念冒些风险还值得赞扬。在柯布西耶临殁前一年即1964年，他完成两件

图 81　哈佛大学视觉艺术展览馆

设计：一是未曾实现的威尼斯医院建筑方案（图82），另一是苏黎世一所住宅兼陈列厅（图83），1968年建成，称"柯布西耶中心"。在医院方案，他强调病人要安静不受干扰，就在单人病房用天窗通风采光，而不考虑病人出院前时间趋向正

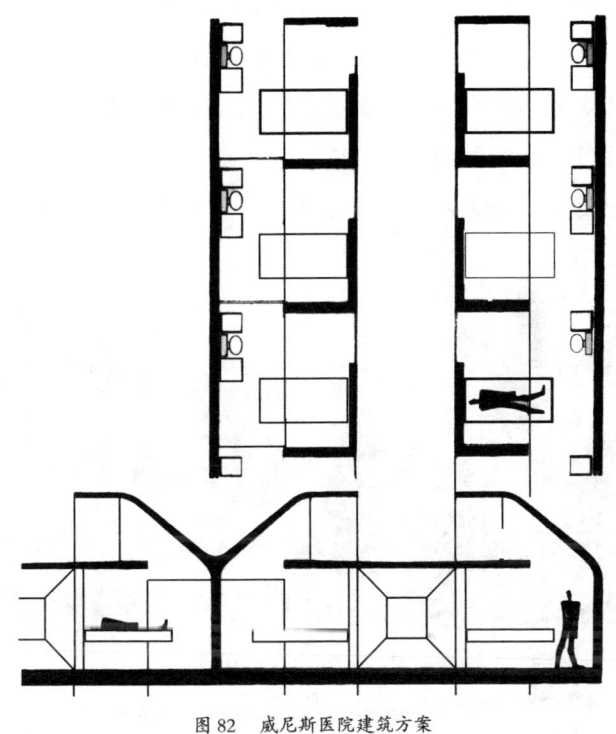

图82 威尼斯医院建筑方案

常活动的需要。苏黎世住宅结构完全抛弃惯用的钢筋水泥，而采用钢板铆钉。一对方形伞状屋顶悬浮空际，与下面房间墙壁脱离，内部门窗搪瓷墙板和其他措施都富有海轮般简洁气氛。这是继1937年他设计巴黎国际博览会"新时代"馆（图

84）用钢架外罩透明薄膜作为临时轻便展览厅之后，又一次尝试以钢材代替水泥的轻质建筑。如果他活着继续工作，很可能在接触这问题时又有一套创新手法。他在结构构造上已经发展出多种独特形式，其中有的甚至被人抢先实现。最突出的如头层悬空、暴露支柱、平屋顶花园、遮阳板、粗犷水泥等。

图 83　苏黎世住宅兼陈列厅

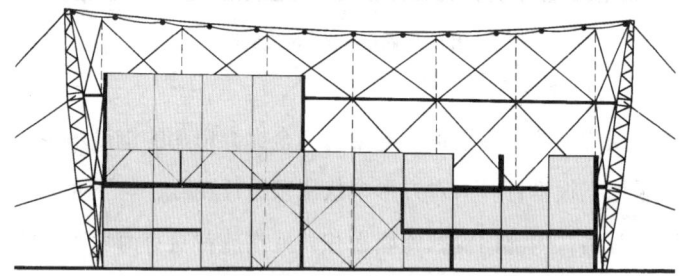

图 84　1937 年巴黎国际博览会"新时代"馆

他的门徒，除前述一些日本人以外，赛特也曾于1929—1930年间在他巴黎事务所工作。但最富有创作性的门徒是巴西的尼迈耶（Oscar Niemeyer Soares Filho，1907—2012）；早期完全处在柯布西耶卵翼之下，例如里约热内卢的教育卫生部15层办公楼（图85），1943年完成；地面明柱架空，火柴盒式东西两

图85　巴西里约热内卢教育卫生部办公楼

片光面山墙与满布遮阳板的北立面,由他主持按照柯布西耶草案制图施工。但他迅即摆脱桎梏,转向渗入葡萄牙巴洛克曲线美,配合本土气候、习俗因素,谋求优雅适度的技术艺术又不强调功能,充满自发豪放感。也有人批评他强烈追求形式。他的设计才华闻名国外,除1939年他参加设计纽约万国博览会巴西馆,又于1971年设计巴黎法共总部大厦。但主要业绩在巴西新都巴西利亚(Brasilia)的建成。工作于1958年开始,首都建设委员会成立后,由他主管建筑设计。他投入全部精力,由于身为共产党员,谢绝一切报酬。主要建筑如三权广场中的议会两院及两座并立高层办公楼(图86)以及总统宫(图87),全是独出心裁造型。上院有圆顶,下院是碟子式;都是圆形,因而内部有回声,要借助音响材料与其他措施加以改善。下院的碟式顶部形成特低水平线,从远处难以望见,是不易补救的缺点。巴西利亚规划是1957年科斯塔(Lúcio Costa,1902—1998)根据中选的竞赛方案所制定(图88)。平面做纸鸢形,中轴主要布置政治性建筑。左右两翼是住宅区,只用4年就完成建设工作。建筑材料有时用飞机运输。操之过急,影响建筑质量。有些造型也感单调。1960年人口达30万。1981年居民100万,一半以上住在远离中心的卫星城。公寓租金太高,几乎没有工人可住的房屋。

图 86　巴西利亚议会两院高层办公楼

图 87　巴西利亚总统宫

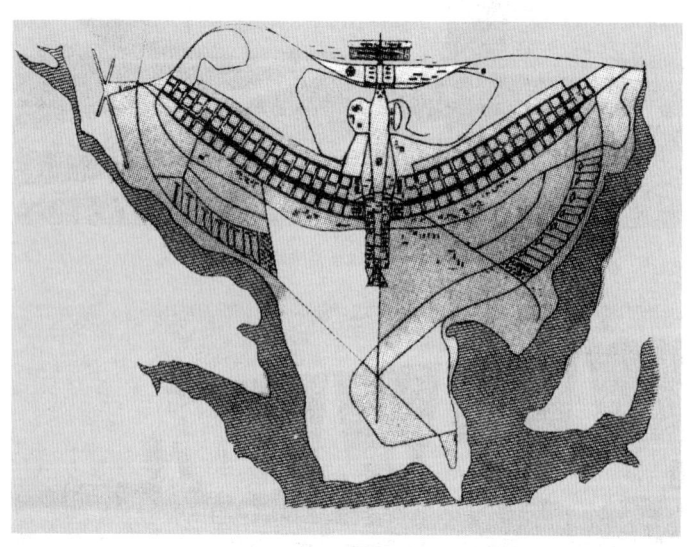

图88 巴西利亚规划方案

61. 尼迈耶

62. 巴西利亚

柯布西耶的特长是能把复杂困难问题剖析成为简单基本提纲，有独到的造型本领和创新构思。格罗皮乌斯称他是全才。两人1910年在柏林初次会面并在同处工作。后来格罗皮乌斯说，"柯布西耶所做略图和方案，其中一些想法，30年后才能体现出来"。密斯也说，"我与柯布西耶初在柏林相识。认为他是文艺复兴式人物，既能绘画、雕刻，又是建筑家。他解放了建筑，其结果不是趋向混乱或巴洛克化，而是真实表达现代文明"。格罗皮乌斯、密斯都对柯布西耶推崇备至。相反，赖特曾以轻蔑口吻称柯布西耶"那个写小册子的画家"，而柯布西耶也一口咬定"没听说过赖特这建筑师"，尽管如前文所述，他于1912年就听过有关赖特的讲演。从这可以看出赖特这美国佬独具的自负性格，而柯布西耶则充满矛盾。评价柯布西耶不能以他的为人做依据，而应当从他设计的建筑物出发。早在1911年他就关心建筑标准化、大量化、工业化，以解决住房问题。这和格罗皮乌斯一样，是由于他受德制联盟和贝仑斯影响。他完成50多所建筑工程，30多种著作，并遗留70多册笔记。笔记全是建筑物速写和简注。他认为照相机只是懒汉旅行工具，以机器代替眼睛。他说如果要求对建筑的线、面、体三者观察达到最后明了，必须亲自动手摹绘出来。只有这样，印象才可以经过记录而巩固下去。

柯布西耶工作60年的一生，是抱怨孤僻、坎坷失望的一生。所做方案，尽管具划时代构思，有的却不被接受，已建成作品也毁誉参半，因而自认是受害者。但到了晚年，他确实也得到应有的评价，受到绝大多数人推崇。如果没有柯布西耶其人，尽管仍出现新建筑，但却是不够理想的新建筑。无可否认，他是新建筑运动的出色主角。只是当英国皇家建筑师协会与法兰西学院赐予荣誉时，他或表鄙视甚至拒绝，但这真是出自内心吗？他于1965年在地中海滨游泳后心疾突发而殁。灵柩被抬到巴黎罗浮宫，棺上覆盖着法兰西三色国旗，由国家卫兵站岗护灵。来自希腊电报要把他遗体葬在雅典卫城；印度电报建议把骨灰撒在恒河上空；文化部长马尔罗（André Malraux, 1901—1976）在葬礼时致悼词，这样说，"柯布西耶生前有几位和他相匹敌的建筑家，但都未能在建筑革命留下如他那样给人的强烈印象，因为谁也没受过他所受的持久而难忍的侮辱"。

格罗皮乌斯、密斯都受过表现派影响并曾被划归柏林学派,但他们自身影响就具备学派条件与范围;赖特与柯布西耶也是如此。赖特自己就说过有关建筑流派的话:"有多少建筑家就有多少派别",尽管格罗皮乌斯与柯布西耶都宣称不同意树立任何学派与某种风格。本文对这四建筑家在漫长岁月中工作与言论,都不厌其烦地一口气叙述到底,就是期望有助于断定他们超一般和划时代的意义是前所未有。而他们又都是在同一时间大放异彩,更是历史上少见的巧合,只有文艺复兴时期除外。

63. 阿基格拉姆①

64. 斯特林

英国从1957年起,建筑专业学生们,作为辩论讲台生力军,在才智与创造方面远胜过前一辈。由伦敦两建筑专业学生集团合拢,汇总他们的设计创作,1961年印成《阿基格拉姆》(*Archigram*)"电讯1号",就把这词作为派名;各以教师斯特林(James Stirling,1926—1992)与库克(Peter Cook)

---

① 原文译为"建筑电讯",更接近于原文本意。

图89 东欧某化工厂

为后盾。这集团又联合伦敦一些政府设计机构成员,刊行电讯2号,宣扬建筑的消耗性、流动性与变化的特色,再加上机械设备已经成为建筑主要部分的观点,这集团1963—1965年活动最引世人注意。在理论上,强调建筑设备部分,要照使用人(软件)的意图为之服务。最终趋势是设备本身变成硬件代替了建筑物;建筑本身不再是必需而可以摈去不用,因此被他们看成为"非建筑"(Non Architecture),以至"建筑之外"(Beyond Architecture),以极端主义者普赖斯(Cedric Price)为代表,无建筑的建筑今天常见于化工生产基地,主要是一系列管道网和竖塔（图89）以及大型火力发电厂，锅炉部分全在露天。目前，"阿基格拉姆"最活跃成员斯特林自从1956年与高万（James Gowan）合组事务所后，设计一系列被认为具有高度逻辑和充满生力的建筑而引起国际注意。1963年这组织举办城市事态展览一次。斯特林本是柯布西耶信徒，时刻

图90　英国莱切斯特大学工业馆

观察分析他的动向。当发现柯布西耶由城市文明与技术美把注意力转向村野农居，从机械美转向朴拙美，他也就放弃空想的努力而追求乡土做法的可能性，挖空心思，利用廉价材料与规格产品汇集造成低价建筑。典型作品是1964年莱切斯特大学（Leicester）工业馆设计，其惹人注目处是高层建筑的下端伸出两阶级教室尾部（图90）。这源出于构成主义能手梅勒尼考夫1927年设计的前述莫斯科工人俱乐部。尽量采用工业产品做建材也符合构成主义原则。斯特林除在英国活动，还担任西德建筑专业院校教学工作。他的设计不画建筑平、立、

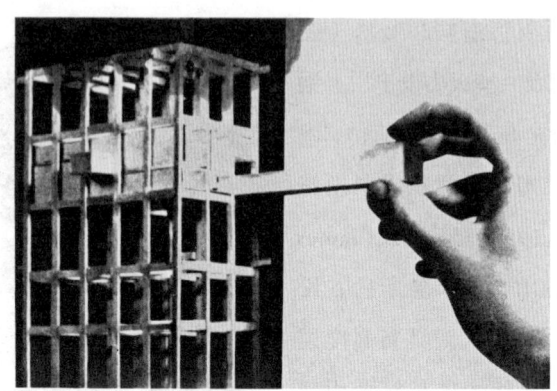

图91　抽斗式住宅

图92　蒙特利尔1967年世界博览会场插挂式住宅

剖面而用均角透视解决，是一特点。1975年他设计西德两博物馆。阿基格拉姆一些建筑与规划的新颖设想是借用他人的，例如"插挂城市"（Plug-in-City）把预制房屋吊装进入塔架，成为居住群。早在1947年柯布西耶就建议向上空发展的抽斗式住宅（图91）以节约用地。这设想在1967年在蒙特利尔市世界博览会场由赛夫迪（Moshe Safdie, 1938—　）设计的住宅楼（Habitat）（图92）实现。后来1970年丹下健三在大阪万国博览会也照样做了。

　　这集团（阿基格拉姆）富有敢于设想敢于搬借的特点。有的设计被指为反人性或狂妄，如行走城市（Walking City），房屋和一切都在动，因此起了破坏作用。

V 城市规划

城市真正新规划到1830—1850年间才开始。西方最早有关城规理论分见于公元前1世纪罗马建筑家维特鲁威(Marcus Vitruvius Pollio)与15世纪意大利建筑家阿尔伯蒂(L. B. Alberti)两人所著书,对城市选址、墙沟门堡、街道方位,都有论述。城市改造萌芽于16世纪的罗马,当时教皇把市内著名诸教堂用新辟大道联络,以供朝圣者交通便利从而增加施献收益。大道可容5辆马车并行,同时又引水入城,解决居民卫生生活问题。法王亨利四世,在16世纪末,修整巴黎紊乱市容,规定建筑高度,开辟广场,加宽街道,敷设路面,作为直到18世纪城规典范。

65. 奥斯曼

19世纪拿破仑三世为炫耀王权、美化首都,委派奥斯曼(Georges-Eugène Haussmann,1809—1891)自1853年起,改建巴黎。为预防叛乱,把主要干道改直加宽,以利王家军队调动与枪炮射击而消灭革命;果然在1871年对巴黎公社起义发挥了镇压作用。又筹设水源与排泄暗沟,作为市民卫生措施;改造阴惨小巷;建设街景、对景,林荫大道,广场公园;开放名迹,引铁路进入市区,分设车站。现代化城市规划从此开始。巴黎用17年时间变为最美丽游览都市。1889年奥地利人西特(Camillo Sitte,1843—1903)著《城市建设》(*Der Städtebau*),例陈历史城市优美,但忽略交通这一因素,他只是纯学院派理论家。

66. 霍华德

67. 花园城

百年来工业发展，人口激增，促使规划理论起根本变化；城市建设不再从广场街景出发，而着重于交通、功能分区与大量平民化住宅一些迫切问题，这就使城规从19世纪下半叶开始引起重视且刻不容缓。作为最早发生工业革命的英国，工业带来的污染、拥挤、犯罪等，早已促使人们关切而想尽改良办法；开始在城市行政设管理机构，在规划上不再追求艺术效果而注意经济价值。针对工业发达的不良影响，首次出现有关规划的书是1898年霍华德（Ebenezer Howard，1850—1928）所著《明天——和平改造的正路》[*Tomorrow, A Peaceful Path to Real Reform*，1902年改称《明天花园城》（*Garden Cities of Tomorrow*）]，着眼于想从集中回到分散，把城市和乡村各自优点组成为具有居住与工农业合作性质的花园城，基本原则是：一、居民密度适合愉快的社会生活，5万人为极限，分为6个区，包括所有各阶级；二、面积2430公顷左右，包括城区和工农业用地，四周有绿带（Green

Belt)围绕;三、土地公有。以此为根据,1903年兴建"莱奇沃斯"花园城(Letchworth Garden City),1920年又兴建"韦林文"花园城(Welwyn)(图93,后者1952年改为伦敦卫星城)。两城人口各限最后4万;离伦敦最近的是24公里。批评家指花园城浪费土地,是汽车时代以前的设想,其结果弄得既

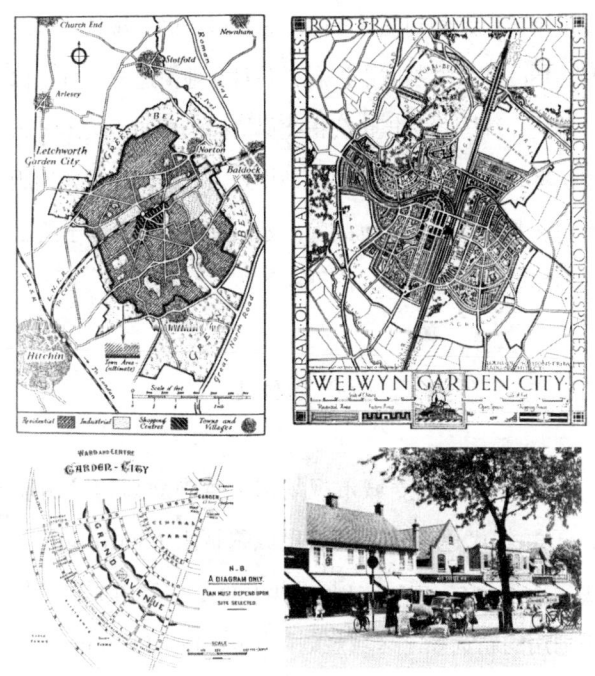

图93 英国花园城"莱奇沃斯"与"韦林文"规划

非城市，又非乡村。苏联人则认为霍华德观点只是资产阶级知识分子的空想。1904年世界最早规划期刊《花园城》(*Garden City*)刊行，持续到今天改称《城乡规划》(*Town and Country Planning*)，由"城乡规划协会"(Town and Country Planning Association)印行，其前身是霍华德1898年创办的"花园城与城规协会"(Garden City and Town Planning Association)。英国是城市规划组织和刊物最多的国家。最早确立规划法律的是意大利，1865年就限制城市扩展，并对空地街道密度分区做出规定。瑞典、德国1875年也公布类似法律。1909年英国公布城市规划法案并成立城规学院，培训规划人才；次年开始出版《城规评论》期刊(*Town Planning Review*)，作为这学院官方刊物。1926年维也纳举行"花园城会议"。

68. 魏林比

1943年英国成立城市规划部。英国规划理论由瑞典吸取，于50年代建设首都的卫星城魏林比(Vallingby)（图94），人口6万，由16~19层公寓和低层住房组成建筑群。一些规划用的新词如"区域规划"(Reginal Planning)、"总图"(Master Plan)、"绿带"(Green Belt)等，都源出英国。

图 94 瑞典首都卫星城"魏林比"

69. 盖迪斯

70. 恩温

英国规划专家举世闻名，理论权威最早推盖迪斯（Patrick Geddes，1854—1932），是生物学家，通过讲演、展览、旅行、设计方案来揭示城市阴暗与光明一面。他说过，"观测在计划之前，治疗在诊断之后"。1915年著《进化中的城市》（*Gibes in Evolution*），从社会、经济的研究，联系到生活、工作，再引到市政建设。恩温（Raymond Unwin，1863—1940），理论家兼实践家，1912年喊出一句有名的口号"太拥挤没好处"（Nothing gained by Overcrowding）。1920年他著《城规理论与实践》（*Town Planning in Theory and Practices*）。莱奇沃斯与韦林文两花园城，都是他所规划。他自己就住在伦敦郊区一处由他规划的花园村内，认为只有这样才真能了解设计的需要。

71. 阿伯克隆比

稍迟，又有阿伯克隆比（Patrick Abercrombie，1879—1957），1933年著《城乡规划》（*Town and Country Planning*）。他对战后重建伦敦贡献很大。1943年主编《伦敦郡规划》（*County of London Plan*），讨论居民密度与就业，但孤立看交通问题。1944年主编《大伦敦规划》（*Greater London Plan*），讨论复兴工作，居民密度，规定内环、外环，较前一年规划又深入一步，被评为不朽之作。英国规划理论与实践有世界性影响。本世纪开始，欧洲主要城市郊区逐渐采用花园城方式布局，首先是德国克虏伯厂在鲁尔区一处工人村就仿花园城做法。1902年德国组成"德意志花园城协会"（Deutsche Gartenstadt Gesellchaft）。俄国通过德国刊物发现了花园城并翻译原书，1913年也成立花园城协会，又于翌年出席伦敦召开的有关会议，人数仅次于德国代表团。1903年法国花园城协会成立。嗣后荷、意、美等国都有类似组织，以至也有花园城。但英国规划先驱如霍华德还脱离不了浪漫村野风味的观念，只不过认为现代城市人烟稠密，污秽丑恶；由于与拉斯金、莫里斯思想合拍，出于对城市的极端反感，而梦想城乡一体，并未考虑时间因素，而空间、时间必须结合在一起，再也不能孤立看待。他的自给自足设想也由于种种限制而未实现；结果是与其他城市几乎难以区分。但英国花园城街景的优雅，房舍变化多姿以及空地的灵活分布，仍然给人以深刻印象。美国的伯纳姆1909年所做芝加哥城市规划，仍然强调秩序与美观的伟大场面而忽视时间问题。他醉心于雄伟城市壮观气氛，发出"不要做小气的规划"（Make no Little Plans）的号召，被传为笑柄。美国百年来工商业飞速发展，随之汽车泛滥成灾，导致郊区盲目扩散与市中心的衰落。郊区居住与市场的紊乱分布，造成视觉污染。但作为交通工具，汽车问题不可能加以否定而必须积极想出对策。

72. 邻里单位

1929年美国人佩里（Clarence Perry）首次提出"邻里单位"（Neighbourhood Unit）这词：从交通安全观点出发，车路围绕这单位周边，儿童入学以及零星购买等活动，都在单位以内而无须穿过街道，人口限在一万左右。这方式被英国搬用在新城市建设。苏联利用"小区"解决，人口6000左右。史泰因建筑师（Clarence Stein）是美国规划家，自称深受英国规划理论影响。1924年参加"日照园"新村（Sunnyside Gardens）规划。1928年设计"雷德朋"新村（Radburn）（图95），首次采用邻里单位做法，把车道与人行道严格分开，有时用立交；汽

图95　美国雷德朋新村

车开进死胡同和住宅前门联系，再由原路退出；行人则由另一条小街进出住宅的后门。这方式很快被他处作为榜样。他1951年著《有关美国新城市》（*Towards New Towns in America*），高度评价英国在城乡规划的成就。美国1964年成立"住房与城市发展部"HUD（Housing and Urban Development Department）。由于城市贫民窟的存在，资本家响应"福利社会"口号，参与"城市更新"运动（Urban Renewal），拆掉破旧住宅，兴建现代化公寓，但居住条件虽然改善，房租却比原住所高几倍，迁出住户因无力付高价而不能迁回，甚至造成无家可归的结局。政府又致力逐渐扭转城市白人区与黑人以至其他少数民族区的分隔壁垒，使走向杂居，从而减轻民族矛盾。

73. 广亩城市

憎恨城市者赖特感到城市庞大，有损居民个性，预祝城市的消逝，于1932年提出"广阔一亩城市"（Broadacre City）计划；目的是用汽车把城市带到农村，城乡结合，每家占一块矩形土地，面积1~3英亩（0.4~1.2公顷），用简单图纸做参考依据，自建住房，每家变化多样，避免单调；生活自给自足；每座城市人口3000左右。赖特希图利用汽车普遍性通过这方案以达到疏散人口目的，把城市缩到村镇大小，工农业兼备，以发泄他对城市尤其大城市的反感。目前美国当局正关心在东北各州一些城市在不停地扩散而引起成批简陋住房与商店纷然杂陈，这正是赖特认为不可容忍的。

74. 埃那尔

称得起现代规划专家法国人埃那尔（Eugene Hénard，1849—1923）作为1900—1914年间巴黎建筑事务主管人，预见城市交通拥挤严重性，要设法解决。1913年他主持的法兰西建筑规划告成。参加规划的有社会学家、经济学家、政论家、工程师、建筑家。他对城市交通，从地下到天空，想出多样解决方案。他的论点和意大利未来派不谋而合，趋向于高速城市构想，被认为是当时本专业最杰出人物。

75. 戛涅

另一法国人戛涅（Tony Garnier，1869—1948），1901年提出工业城计划，居民35000人，全部从事工业劳动。居住、工作、交通、文娱活动都严格分区，各不相扰。建筑全用钢筋水泥，具有平屋面、悬臂罩篷、明柱、玻璃一些特点，预示即将到来的新建筑直率风格（图96）。城市外围有绿带，绿带以外是工业区，夹在铁路与河流之间，和市区用公园隔离。居住区内设高速车道，行人与行车分开，住宅四面透空，不设内天井。1904年展览他的有花园城意味城市环境建设作品。1917年写成《城市建设研究》一书。20年代他有机会把这些特点用于里昂规划，并于1924年著《里昂主要建设》。

图96　戛涅工业城计划

76. 赫伯布莱特

再迟，德国的赫伯布莱特（Werner Hebebrand，1899—1966）则已是国际城规工作者。1911年起，他在德国从事民居设计，结合绿化、空气、阳光，在规划方面进行改革。纳粹当政后，他去苏联，被委托做些往往是整个区域范围规划。第二次世界大战结束后，在西德汉堡、汉诺威、法兰克福等城市做规划。

77. 荷兰城建

荷兰1901年颁布详尽城规法案。1917年由贝尔拉格提供阿姆斯特丹南区扩展规划。他使前进的表现派与传统习惯协调，创新和保守势力靠拢而取得和谐兼运用城规紧密结合民居特点，避免一般流行的单调矩形街区，用快慢兼具宽阔车道画成直线配合曲线，由高度4层市房带花园取得协和安详街景。1928年以实现当时的《雅典宪章》为目的，阿姆斯特丹成立公共工程局，由新塑型派万·伊思特林（Van Eesteren）主持规划，统计50年内居民流动情况，把郊区分成一些万人居民点；1935年通过阿姆斯特丹总规划。这规划是花园城的变通方案规定每10年修正一次，以适应不断变化的形势，但保持原有的理想。鹿特丹战后几乎全部重建，市中心新辟一条步行商业街林邦街（Lijnbann）（图97），1953年完成，被评为典范无车区，主持建筑工作的是范登布罗克（Jacob Van den Brock）等人，是鹿特丹学派最出色成就。

78. 西德城建

德国20世纪初在城规受贝尔拉格影响的如柏林南区的规划。第二次世界大战后,继承1927年斯图加特居住建筑展览先例,1957年在西柏林翰沙地区（Hansaviertel）举办国际建筑观摩园地（Interbau）。主持布置场地的是巴特宁（Otto Bartning,1883—1959）,在大片开敞绿化场地配置高、低与中层公寓。西德在大战中损失超过任何国家。500万户住房被破坏,230万户住房全毁。战后建卫星城8处,每处居民10万

图97 荷兰鹿特丹市中心无车区"林邦"

左右。随后又计划再建4处。

79. 苏联城建

80. 线型城市

苏联1928年开始第一个五年计划，首先发展重工业。为此，出现些新工业城市，如马格尼托高尔斯克与斯大林格勒（今改称伏尔加格勒）等。结合工业生产与草原式地理特点，规划家认为线型城市（Linear City）最为理想。线型城市本是西班牙人马塔（Arturo Soria y Mata，1844—1920）在1882年的设想，把中央40米宽干道长度无限伸展，每隔300米设20米宽横道，形成一系列5万平方米面积街区，然后再分为若干由绿化分隔的小块建筑园地。干道专驶交通与运输车辆。苏联建筑家米留廷（Nikolay A. Milyutin）把上述两工业城规划成条形；工业生产、交通、文教、居住等区被划为6个平行带。全市人口10万~20万，居住区与工业区用800米宽绿化隔离。居住区分为若干小区，每小区6000人左右，有学校、商店、浴室、洗衣所。住宅4层高，配有餐厅、幼儿园。几个小区合设中学、俱乐部与行政管理机构。但在实践中，马格尼托高尔斯克介于矿山与水坝间，距离太短，不适合线型安排。伏尔加格勒则工业区离河太远，无视河流运输的便利，以致都不能发挥线型城市优点。

81. 莫斯科总图

苏联1927年完成基本规划立法。线型城市理想使命是连接两处相离不远旧城市（图98）。1933年举行莫斯科建设总图方案竞赛，一些外国建筑家应邀参加。但他们很少考虑莫斯科历史形成因素。赖特建议把全城拆光，代之以他得意之作，每人"广阔一亩城市"。柯布西耶则兜售他的星罗棋布高层玻璃建筑群，都是不切合实际的。最后由10个工作组包括全苏建筑

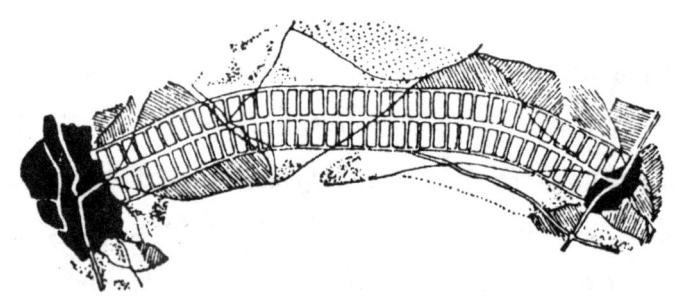

图98　线型城市

家、规划家、工程师、经济学家和医卫工作者集中合作，1935年完成莫斯科总图，公布成为法案（图99）。

苏联把这规划作为社会主义城市典型，主谋出自1932年就

图99　莫斯科总图

任莫斯科市总建筑师西米欧诺夫（Vladimir Semionov, 1874—1960），他一度曾做过英国规划家恩温助手。莫斯科总图规定以下各点：居民以500万为限；把西南区划归市内；调整交通线铁路网；全市划为13个区，分居住、工业、文化、绿化等；减少市中心居民密度，市外设新居住区；全市绕以16公里宽绿带；莫斯科变为海港，用运河与白海、波罗的海、里海、黑海连通，以实现彼得大帝梦想。1949年苏联建筑科学院制定新莫斯科建设总图，基本按照1935年规划，准备推行到1974年为止。苏联由于1700座城市毁于第二次世界大战，是战后建设新城市最多的国家。在大战前夕本来已建新城市300处，战后又建500处左右，迄今仍在每年出现新城20处。大战后苏联按建筑类型分全国为五大区，即北极区，波罗的海区，南苏区，乌拉尔、西伯利亚区，中亚区与高加索区，按不同气候、风俗习惯、技术和资源决定。苏联又分城市为4种，即工业制造城、科学中心城、疗养城与卫星城。在土地公有和工商业不再集中于私人的条件下，社会主义城市是什么样，有很多说法，如是否应让大城市无限扩展，或疏散城市人口使城乡结成一体？在居住建筑，应该发展集中式公寓还是独立小住宅？关键在于运输、通讯、服务以及建筑技术的发展水平。这需要较长时间根据实践才可以下结论。

82. 英国城建

83. 新城

第二次世界大战使英国一些城市最突出的如伦敦与考文垂，由于被轰炸而遭受严重破坏。为重建废墟而制定的城市规划法案也如百年前出于卫生观点而制定的规划法案一样，都是全世界最进步典型。为减轻城市人口压力，英国于1946年公布"新城"（New Towns）法案。原则是谋求自给自足与市民生活需要的平衡。随后就陆续出现伦敦周围的7座新城。由于旧城市仍在盲目扩展，又自1960年起，有必要再建一些新城。迄1965年已建新城20座，8座属于伦敦。新城离旧城市一般30~70公里，最远80公里。人口10万左右。1964年计划伦敦西南一新城人口定为25万，是最大的。工人住近厂区，又得到商店、学校、文娱活动的便利。

84. 卫星城

减轻城市人口压力另一办法是英国战后的卫星城（Satellite Towns），Satellite这词早在1919年就出现，是靠近主城的花园城。离母城不能太远，因而也可分享母城的文化社会活动；既非大城市郊区也不是郊区的改造更不应该是宿舍城，人口至多5万，全在本地工作。离母城最远限50公里。1952年公布城市发展法案，把英国现有的小城扩大，以吸收大城人口。任何新建城市人口为避免车辆太多，都限在50万以内。英国新城与卫星城运动，对德国和苏联产生影响已如前述，对法国也有影响。

85. 法国城建

法国从1965年开始，已建成9座新城；其中6座靠近巴黎。法国战后最突出城建工作是1947年勒阿弗尔港口城市的重建，由佩雷主持。但他由建筑观点而不是规划观点出发，只停留在建筑物本身而不像戛涅那样把建筑与城市联系起来；再加上全市建筑用统一的6.21米模数，这模数是全部工程标准化预制化的专用依据。出于这原因，而且全部工程是在短期内同时进行而不是间歇积累,勒阿弗尔市容显得单调呆板、缺少变化活泼气氛(图100)。这也应归咎于佩雷对规划修养有局限性。他的门徒柯布西耶就不同了。

图100 法国勒阿弗尔港口城市重建后面貌

柯布西耶城规观点,有如他的建筑观点,具强烈独创性。最早,也免不了受田园城思想影响;因而在本乡设计住宅时,布置些小园曲径;以后又有过直线工业城设想。1922年他著有关规划的书《现代城市》(*Urbanisme*),阐明他的早期观点,即市中心区不再是市政厅或教堂所在,而是他在方案上(图101)所主张的24座各60层高玻璃幕墙建筑,供一

图 101　柯布西耶早期的理想城市中心

批主管事业的经理们专用。左侧是文化区，右边是工业区。其他两边布置工人住宅区。他的规划思想是争取减轻市中心拥挤，改进交通，开辟空旷绿地。城市人口300万；当然，土地不再属于私人，这正是"国际新建筑会议"所主张的土改理论。他的规划哲学是接受交通高速化的挑战，道路按照行车速度分类，通过多层立体交叉。这是与未来主义想法一致的。1935年他的《光辉城市》（*La Ville Radieuse*）出版。

30—40年代初，正是新建筑遭受攻击时刻，部分原因出自政治宣传。柯布西耶这时致力于城规理论，并不具有可能实现的信心，例如1942年他提出工业线型城市方案，目的是配合战时疏散需要而设计的。第二次世界大战后，和第一次不同，并未起鼓舞解放作用，也未产生艺术创作流派。各地重建旧城市时也只重复旧轮廓、旧作风甚至利用战前留下来的管线设备而不改变街道布置。1945年法国东部被轰炸城市圣迪耶（Saint-Die）筹备重建。柯布西耶的方案（图102）一反1922年他对市中心区观点，这次把中心布置成开阔步行广场，几座独立建筑从各处都可望到。主要有行政办公高层建筑、公共会堂和饮食商业店面。再北是"居住单位"公寓，南面是绿带工厂区。这方案是柯布西耶有生以来首次与行政当局接触的成果且具有广

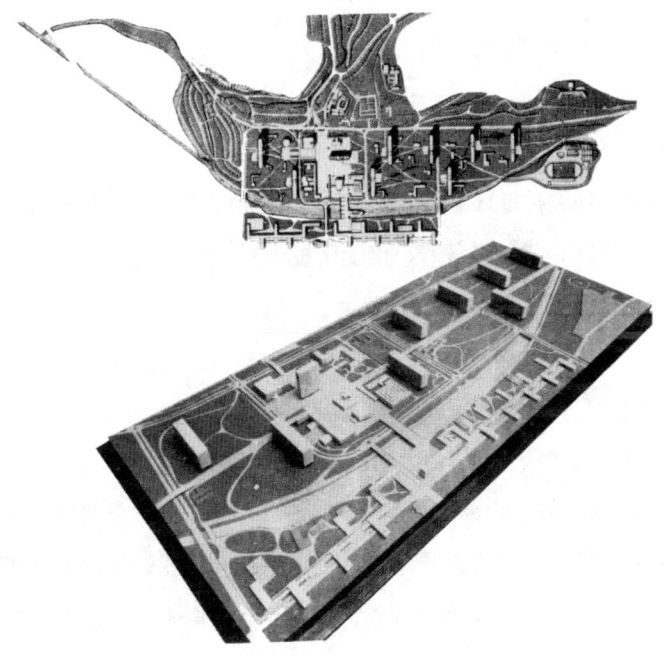

图102　法国圣迪耶市规划方案

泛影响，例如1958年波士顿市中心规划就受到圣迪耶方案的启发。但由于圣迪耶地方政权意见有争执和派系矛盾，终未落实，后被另一折中主义方案所取代。柯布西耶要等到1951年昌迪加尔城的规划才实现他的城市理想。

86. 道萨迪亚斯

50年代国际规划名家是希腊人道萨迪亚斯（Constantinos Apostolou Doxiadis，1915—1976），在雅典学习建筑后又到柏林大学学习工程。第二次世界大战后任希腊设计部长，主持全国3000处农村复兴工作，又在印度参加联合国设计测量机构。1953年回希腊设事务所，接受城规任务，有助手500多人，包括考古学家、建筑家、规划家、工程师、社会学家等。他创一新词"人类居住科学"（Ekistics），并指出居住建筑在汽车时代，出于人口动力因素，要和时间联系在一起。他主持雅典"人类居住科学研究中心"，又负责雅典工科学院，学生900人，有来自外国留学生。他在希腊计划全国公路网和雅典海岸发展，预言世界城市从下世纪2100年开始时由于交通速度，将打破区域甚至国界，彼此连接，例如从伦敦到伯明翰，从鹿特丹到斯特拉斯堡的莱茵河流域，成为他创造的又一新词"普世城"（Ecumenopolis）。他的城规特点是没有市中心，只有核心。如需扩充，只能由核心沿直线发展到市区边缘。他60年代国际性任务有伊拉克城乡调整计划，巴格达扩充，巴基斯坦伊斯兰堡规划，美国底特律区域规划，费城郊区规划，巴西、加纳等国家城市规划，希腊新城规划。1965年在雅典召开"国际人类居住科学讨论会"，总结他的世界性活动范围。

Ⅵ 国际建筑代表者

87. 阿尔托

有一些建筑家经历过新建筑发展各个阶段,也有在社会活动开始时就接触国际风格。他们绝大部分迄今健在,有下述诸建筑家:

声望仅次于赖特、格罗皮乌斯、密斯、柯布西耶的是芬兰建筑家阿尔托(Alvar Aalto,1898—1976)。他由于1927年设计前述的帕米欧肺病疗养院(图103)出了名。他在芬兰以外作品如1937年巴黎、1939年纽约两博览会场芬兰馆,都用木材表达民族特点并寓有宣扬芬兰这主要土产作用,这是他设计风格特色。1927年他设计芬兰维卜利(Viipuri)城(1947年起割让与苏联)图书馆,馆的讲演厅木条天花板做波浪形,以加强音响反射效果(图104)。1938年纽约新艺术博物馆展出他的

设计成就。作为人文主义者，他在芬兰设计许多居住和工业建筑，尽量结合民族风尚，兼做些城市规划。1947年他设计美

图103　芬兰帕米欧肺病疗养院

国麻省理工学院学生宿舍（图105），7层楼砖砌承重墙结构；由于战时建材管制尚未解除而不能用框架，但反而使目的在于使每间宿舍都能望见波士顿查尔斯河风景的蛇形楼，在外墙施工时取得对灵活弯曲更有利的条件。1960年左右，西德不来梅市一座22层公寓楼（图106A、图106B）的设计，每室平面做梯形，既得到外墙加长而扩大开窗与阳台面积，又避免平行分间墙的封闭感；这手法在其他地方多被采用。阿尔托在年岁上比赖特等四权威算晚一些，影响也不如他们大。和密斯一样，也未曾留下任何著作。他具有如赖特的浪漫性格和对大自然的领会，在国外作品不如在芬兰国内设计的建筑具更大活力与信心。他有成熟的建筑哲学，认为空气、阳光在大自然中虽

图104　芬兰维卜利城图书馆讲演厅天花板

取之不尽，但从建筑角度看，却是最昂贵的。设计工作者无不熟知在外墙上多开一樘窗的代价。阿尔托殁后，意味着国际风格到70年代的终结。

88. 门德尔森

门德尔森（Eric Mendelsohn，1887—1953）是本世纪能把新建筑材料创造性地设计成为有机建筑的杰出人物。他在柏林与慕尼黑经过训练后，1912年开始工作，对刚问世的表现主义发生兴趣，用以培养自己创作风格。1920年设计波茨坦爱因斯坦天文台（图107），具强烈表现派造型。天文台本来应该用

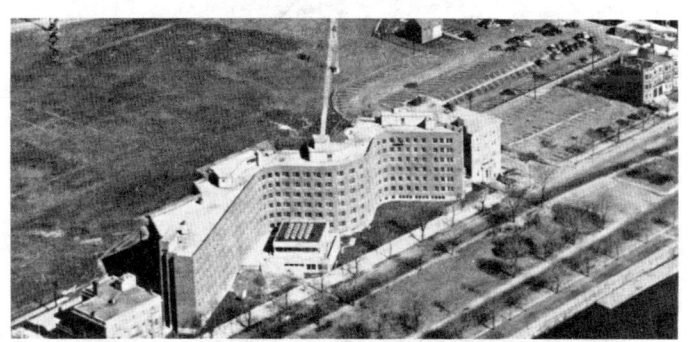

图105　美国麻省理工学院学生宿舍

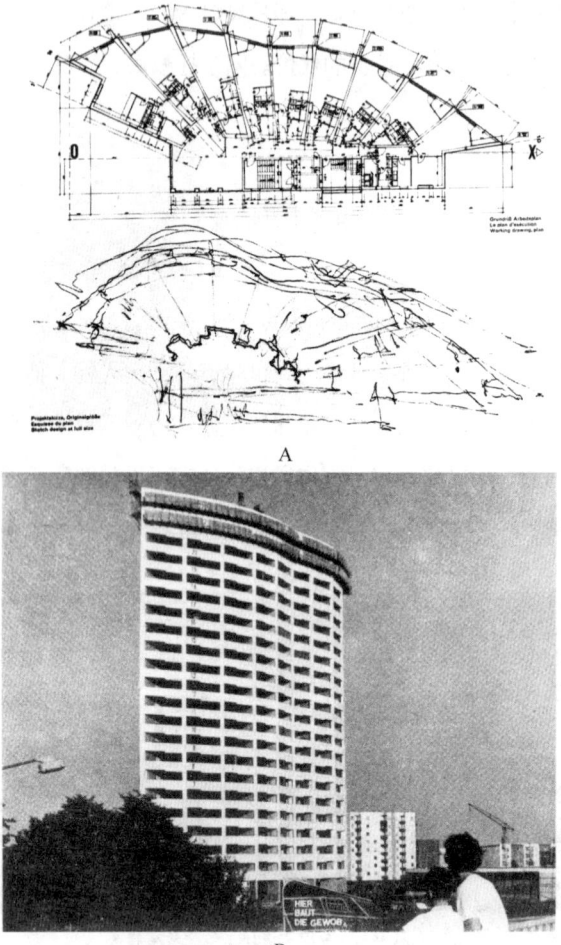

图 106　西德不来梅市公寓楼　A——平面；B——外景

钢筋水泥显示其可塑性，但由于战后建材供应受限制，只得改用砖砌墙身加水泥抹面。完工后仍博得爱因斯坦"有机"二字好评。1925年他设计列宁格勒纺织厂，这时已做柏林圈成员。30年代设计一系列百货公司，以斯图加特肖肯百货楼（图108）最有代表性。1933年去伦敦，与当地建筑家合作，翌年完成一座海滨俱乐部（De La Warr Pavilion）（图111）。此后又在巴勒斯坦设计医院与大学建筑。1941年去美国定居。1945年在旧金山，设计医院和其他地区犹太教堂，他所做表现主义建筑风格的公共与工业工程毛笔速写方案（图109，图110，图112A、图112B）受高度评价，每图都可以用建筑手段实现而并非空想。

89. 夏隆

现在，与新建筑时代相终始的，除前述的诺伊特拉，应该算西德的夏隆（Hans Scharoun, 1893—1972）。这表现派与柏林圈成员，居住和学校建筑设计者，1927年参加斯图加特居住建筑观摩场地一座住宅设计，和当时名宿贝伦斯分庭抗礼。1930年又设计西门子厂职工居住群。第二次世界大战后，1956年获得方案竞赛头奖而着手柏林音乐厅建筑工作（图

图107 波茨坦爱因斯坦天文台

图108 斯图加特肖肯百货楼

图 109　天文台方案速写

图 110　肖肯百货楼方案速写

图 111　英国海滨俱乐部

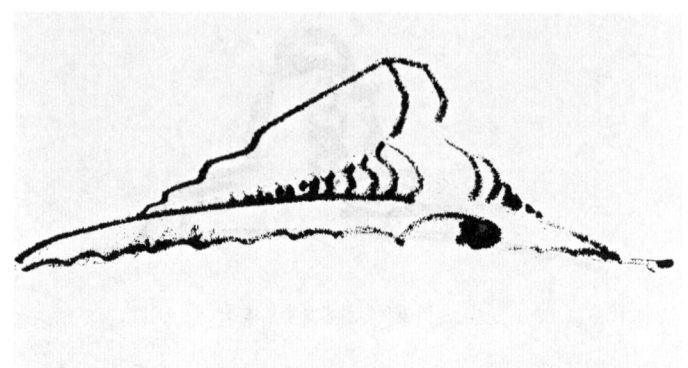

图 112　柏林南郊制帽工厂
A——方案速写；B——外景

113A、图113B），1963年完成，是表现主义风格最后作品，造型逼近雕刻领域。1978年完成的西柏林新图书馆是最后作品。他的设计作风是不顾一切地追求功能而少注意到平面布置和构造细部。他的成就还应列在德国新建筑家前茅，被评为两次大战结束以后的新建筑运动延续保证者。

90. 艾尔曼

西德的艾尔曼（Egon Eiermann，1904—1970）是第二次世界大战后和夏隆一并被称道的建筑家。他设计教学、工厂、百货商店和一些政府委托的建筑。1960年完成法兰克福一座函购出口公司大厦（图114），玻璃幕墙立面几乎全被走廊扶梯空调设备占满，是首次突出地把科技表现在建筑外观。

91. 莱斯卡兹

莱斯卡兹（William Lescaze，1896—1969）瑞士出生，莫泽（Karl Moser，1860—1936）门徒。莫泽在钢筋水泥建筑的成就，被评为瑞士的"佩雷"，对培训瑞士新建筑后进起主要作用。莱斯卡兹移居美国后，1932年在费城与豪

A

B

图 113　西柏林音乐厅
A——内景；B——外景

图114 法兰克福函购出口公司大厦

氏（George Howe）合作设计划时代性建筑"费城储蓄社团"银行PSFS（Philadelphia Savings Fund Society）36层大厦（图115），作为亲自把当时欧洲新建筑设计观点带到美国的第一人，首次在费城奠定美国的国际建筑风格，为5年后到美国的格罗皮乌斯和随后的密斯开路。但他的影响不大，工作也未充分发展。

图115 费城储蓄社团银行办公楼

92. 斯东

斯东（Edward Durell Stone，1902—1978）一度被赖特夸奖为"有光明前途的青年"，1930年设计纽约新艺术博物馆（图116），用当时素壁横窗新建筑风格。50年代起，他惯用花格墙以便于在酷热地带遮阳通风，如1958年设计的新德里美国大使馆。这年他又设计布鲁塞尔国际博览会美国馆（图117），直径98米，是圆形花格墙悬索屋顶大陈列厅。1971年他完成华盛顿肯尼迪文化中心建筑。

93. 布劳耶

布劳耶（Marcel Breuer，1902—1981）匈牙利出生，1920年在维也纳听到包豪斯消息，于翌年赴魏玛，作为包豪斯早期毕业生，1924年主管校办家具工厂。过一年，首次试制弯曲钢管桌椅，引起家具设计革命。1936—1937年间离德在英国与当地建筑家合伙工作，随即去美国定居；在业务上与格罗皮乌斯合作，兼在哈佛执教。由于他年纪较轻因而比格罗皮乌斯更接近学生群众而留下更深刻印象。1946年起到纽约工作。6年后他

图 116 纽约新艺术博物馆

图117　布鲁塞尔国际博览会美国馆

与奈尔维等被选定设计巴黎联合国教科文组织（UNESCO）总部建筑群（图118），包括"Y"形平面8层高办公楼、会议厅与各国代表公邸三部分。会议厅是前所未见的屋顶连外墙钢筋水泥折壳造型。1966年他完成纽约惠特尼博物馆（图119）。由于陈列厅面积须随楼层上升而增加，外观遂呈逐层悬臂倒金字塔形。这既有助于使馆屋不同于其他邻近建筑遂引人注目而易识别，也是克服地心引力的绝技。这形式他最早用于德国一医院建筑方案（图120）。他先受构成主义影响，后来是忠实功能主义建筑家，把工作展开于欧、美、亚、非大陆，并施加影响于同辈与后辈；最近参加与其他事务所合作的埃及"萨达

图 118 巴黎联合国教科文组织总部建筑群

图 119 纽约惠特尼博物馆

图120　布劳耶1928年设计的德国某医院建筑方案

特"新城（在开罗与亚力山大城之间）规划，在居住建筑群有可以随时按需要而扩大的住宅设计。他的哈佛杰出门徒有约翰逊、鲁道夫和贝聿铭。

94. 路易斯·康

95. 费城学派

96. 文丘里

可以说美国杰出建筑家自从赖特以后，应是路易斯·康（Louis I. Kahn，1901—1974）。赖特和芝加哥学派相终始，以后又走独创道路。康则是"费城学派"（Philadelphia School）创始者，再加他的信徒文丘里（Robert Venturi）。

第三代的文丘里作为这学派早期骨干又影响一些青年建筑家，都是宾夕法尼亚大学建筑系刚毕业的，应算第四代了。费城学派这词初见于1961年。康氏出生于波罗的海爱沙尼亚；1906年全家移居美国费城。他1924年毕业于宾夕法尼亚大学后，在费城几处建筑事务所当助手；1941年起与费城一二建筑师合过伙，然后于1947年自己开业。50年代除在罗马美国学院进修一年，在耶鲁和宾夕法尼亚两大学建筑专业教学。在费城学建筑时，深受法国教师克雷（Paul Philippe Cret）带来的巴黎美术学院古典教育熏陶，而后又接受赖特、密斯、柯布西耶影响。1953年设计耶鲁大学艺术陈列馆,部署中蕴藏着密斯手法,如陈列厅灵活空间与清水砖墙玻璃窗的简洁外观处理。1958年费城的医学生物实验楼(图121),如他1956年设计的特灵顿犹太中心浴室一样,摆脱一般流行做法,把

图121　费城医学生物实验楼

服务性从属空间（Servant Space）如设备、交通用室从主宰空间（Master Space）即实验室分离出来而独立形成几座竖塔，取得立面上前所未见的外观，受到高度评价。1956年设计加州萨尔克（Salk）科学研究楼，把研究室扭向海滨风景兼面迎海风。1969年瑞士举办他的作品展览。他由于印巴战争而未及见完成的是1962年设计的巴基斯坦东都达卡议会建筑，采用地方做法与传统材料创建大量砖砌圆拱墙。最后作品是1977年由助手完成的耶鲁英国艺术展览中心。外观是光滑钢筋水泥框架的梁柱，在每矩形面积内嵌不锈钢幕墙，搭配玻璃窗。承重与非承重部分界限清晰。照明在日间主要靠自然来源，利用天窗的百叶与障板随太阳射角加以控制，取得均匀光线。康氏作品既属新建筑范畴又具有不同于一般新建筑性格。作为个人，他是富有无畏、耿直、坦率精神的诗人和艺术家。他的建筑学定义是"有主见的空间创造"（Architecture is the thoughtful Making of Spaces）。这肯定了建筑的艺术含义；认为超过30米跨度就会影响空间范围概念，就需要支柱以加强空间感。他指出古代劳动人民把墙的间距扩大，引进支柱是创造空间的开始。当然，扩大当在一定限度之内；他不用钢支柱而惯用钢筋水泥柱，又讨厌机械设备，认为对建筑造型起破坏作用，但后来不得不让步，敬而远之，划归域外，使处于从属空间而不占主宰空间。他不同意芝加哥学派"形式服从功能"学说,提出"形式引起功能"观点(Form evokes Function),把功能放在次要地位,形式不变而功能可变。费城学派比起芝加哥学派,工作量既没那么大,气势也没那么宏伟,时间可能也不那么久。他对城市规划也有自己的见解,认为城市不应分散而应将各种活动完全集中市内,24小时无一空白点,这样,市中心就不会衰退。1953年他首次参加规划费城市中心建筑;迄1962年设计些塔式公寓。他发表过很多关于建筑哲学理论;设计与规划观点产生的影响甚至波及建筑专业学生们课堂习题。费城于1978年举办他1928年旅游欧洲所作绘画。

97. 史欧姆

史欧姆SOM [S(Louis Skidmore, 1897—1962), O(Nathaniel A. Owings, 1903—1984), M(John O. Merrill, 1896—1975)] 事务所由三人于1936年联合组成。第二次世界大战后在对国际建筑风格创造起推动作用。首先通过1952年这事务所成员本沙夫特(Gorden Bunshaft, 1909—1990)设计的纽约利华大厦(图122)奠定领导地位。随后设计很多有名建筑如1957年纽约大通曼哈顿银行办公楼,丹佛城空军军官学校建筑群以及1970年芝加哥西尔斯（Sears）百货公司110层办公楼（图123），都是精心之作，具独创风格。这设计组织算是私人事务所最大的，对受委托任务富有分析比较能力。纽约、芝加哥、旧金山、俄勒冈州都有事务所。

98. 新建筑后期

从1900年前后一段算起，建筑风格几乎每隔30年一变，这脱离不了社会经济消长与时尚和爱好的转移。看来以后趋势还可能照这样规律走下去。上文所举一些建筑家，都从早期就投入新建筑运动，经过国际风格阶段，以迄"新建筑后期"（Post Modern）有的仍在活动。今天一批中年建筑家，作为第二代，在日本如丹下，在英国如斯特林是在50年代前，而在美国大部分是50年代后，才开始露头角，因而都应该划入"后期"这一派，如：

99. 约翰逊

约翰逊（Philip Johnson，1906—2005），本来在哈佛专攻古典文学，后来改习建筑，是布劳耶门徒。30年代主管纽约新

图 122　纽约利华大厦

图 123　芝加哥西尔斯百货公司办公楼

图124 美国休斯敦市本等勒街口办公楼

艺术博物馆建筑展览部,尽力于新建筑宣传,并于1932年与建筑史家合著《国际风格》(International Style)而把当时风行的建筑用这词定下。1947年著《密斯传记》,大有助于抬高这德国移民声望。他对新建筑的热情达到投入实践地步,而于1950年完成自用住宅,是密斯刚刚脱稿的"范斯沃斯"玻璃住宅翻版。但他能避免密斯单纯追求空间感,转而绿化环境使具浪漫气氛以调剂这住宅的严峻的几何造型。随之他引进一系列类似住宅设计任务,并于1958年协助密斯完成纽约38层西格拉姆办公楼。他对建筑历史具广泛兴趣,这影响他的作品从高矗到古典;他自命为"新传统派"(New Traditionalist)。1963年完成的纽约林肯演奏中心"纽约州舞剧院"具有他赋予的古典精神面貌。他的作品富有文雅风格,谨严的构架,一丝不苟的细部,说明密斯影响之深。设计任务由博物馆到办公楼，尤以近期作品更具吸引力，如1977年完成的休斯敦市"本筹勒街口"（Pennzoil Place）一对36层全玻璃办公楼（图124），两座斜角互映，顶部单向斜坡，入口处覆4层高玻璃斜顶，是新颖罕见的造型。迎合新建筑后期运动，他回到象征主义兼用建筑装饰，主张联系历史并注意与地方特色相协调；这正是他最近设计纽约美国电讯公司总部楼方案的主导思想。但这也引起争论，如文艺复兴式临街正门，19世纪开始流行的标准层垂直墙墩与玻璃窗相间，以及顶部山花家具式处理，等等（图125）。评论家有的对顶部造型持批判态度。

图125　纽约美国电讯公司总部楼已定方案

100. 沙里宁

沙里宁（Eero Saarinen，1910—1961），他父亲（Eliel Saarinen，1873—1950）于1922年获得芝加哥论坛报馆新厦方案二等奖，1923年全家由芬兰渡美定居。父子在建筑业务合作一段时期后，他1949年赢得圣路易市杰弗逊纪念建筑竞赛方案头奖。最早他本来受柯布西耶与密斯影响，但不久就背离了后者，在这之前，密斯强烈影响见于1955年他完成的底特律郊区通用汽车公司技术中心建筑群，如围绕中央湖泊三层楼玻璃幕墙平屋顶国际形式，但建筑尺度和立面变化与彩色却远胜密斯的朴素工业古典。1958年耶鲁大学冰球馆（图126），1964年华盛顿杜勒斯航站候机厅（图127），他都设计为悬索屋顶。作为成功的少数建筑授型家（Form Giver），如不早逝，他的成就会更大。

101. 山崎实

山崎实（Minoru Yamasaki，1912—1986）30年代在纽约几处事务所当助手后，1953年独立工作时主持设计圣路易市航站

图126　耶鲁大学冰球馆内部

用三个十字形筒壳组成候机大厅（图128）。他善于通过工业化技术把预制构件拼配细致花纹以达到他所追求建筑必须美观（Delight）这一目的。作为密斯信徒，但却比他有更加华丽的风格。1972年他完成纽约"世界贸易中心"WTC（World

图 127 华盛顿杜勒斯航站候机厅

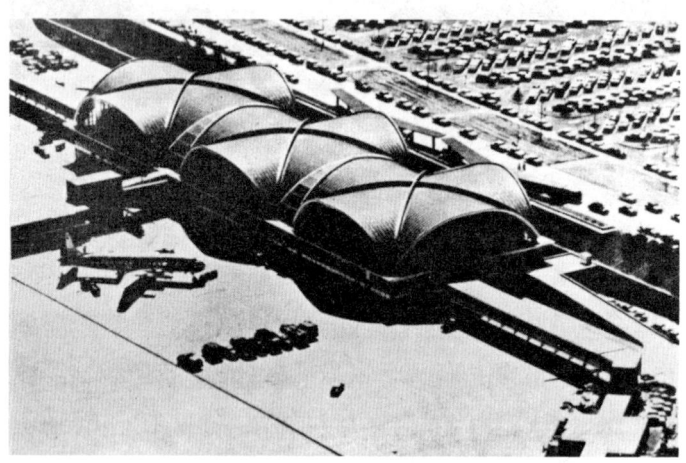

图 128 美国圣路易市航站楼候机厅

Trade Center)(图129)。两座相同方形平面,各110层、高411米办公楼并立,用预制钢材方形管柱外包铝板为框架,分为两层高一批依次装配上升,作为承重"墙"。这就把四面外围结构形成为空腹方格桁架(Vierendeel Truss);每层楼板下面长18米钢桁架一端放在中央竖塔,另一端放在外围管柱上,使起横向

图129　纽约世界贸易中心110层办公楼

支撑抗风作用。密集管柱形成一系列狭高玻璃窗,山崎说条形直立窗可减轻向外瞭望者居高临下的眩晕感。两高层建筑周边,布置4座7层高建筑作为商店、展览、旅馆、海关检查使用。电梯安排也是创新做法,因为如按照传统计算来布置梯位,其数量之多几乎把建筑面积全部占用;因此将第四十一层和七十四层两处电梯间作为"高空候梯厅"(Sky lobby),

乘客先由特快电梯从地面被送到两候机厅之一，再分乘区间短途电梯到目的层，既减少电梯数量又压缩电梯群的面积，因而使各层使用面积达到一般标准即75%左右。这"中心"是世界上第一对最高办公楼，随后在纽约、芝加哥继续出现一些高达110层建筑。

102. 鲁道夫

鲁道夫（Paul Rudolf，1918—1997）是哈佛格罗皮乌斯与布劳耶门徒。1958年起当过耶鲁大学建筑系主任。在设计上致力于按不同建筑物要求，谋求适合功能，主要工作是完成些教育建筑。1963年设计耶鲁大学建筑专业教学楼（图130），外观7层高，内部却有39种不同标高。由于强调流动空间，造成使用上界限不清、互相干扰，最后使学生对校行政抗议而引起纵火事件。教学楼外墙水泥盖面竖条用特制纹路模板捣成，比柯布西耶的粗犷水泥还粗糙，不失为一种创新手法。在教学上他宣扬设计简化哲学，指出割爱的必要；认为建筑设计不可能把所有要求都予满足，而只能重点突出地解决某些必须解决的问题。密斯的高度成就由于他设计时敢于牺牲某一方面要求；假如追求样样满足，那他的作品就不会如此简洁有力了。

图130　耶鲁大学建筑专业教学楼

103. 贝聿铭

104. 玻璃幕墙

贝聿铭（I. M. Pei，1917—　）中国出生，1935年赴美。哈佛大学建筑系布劳耶门徒。毕业后为一地产公司负责建筑部门，1956年完成丹佛市22层办公楼。随即自设事务所。1963年为麻省理工学院设计地理科学研究所建筑,又设计科罗拉多州空气研究中心;同时兼完成加拿大蒙特利尔市马利广场48层办公楼(图131),平面做十字形。1968年纽约国际机场美国航空公司民航站候机厅完工。这年他设计的波士顿汉考克人寿保险公司办公楼破土。这大厦划时代造型(图132)是斜方形平面,高60层,全部玻璃幕墙,风格有其高度艺术性的一面,也有随之而来的工业技术问题。玻璃幕墙引起的麻烦使设计人一阶段感到头痛。外观处理早已不是古典学派所要求砖石

图131　加拿大蒙特利尔市马利广场办公楼

体积的进出面投影,而是把幕墙当作一面镜子反射环境景物,借适当光线与颜色使建筑物似存在又不存在,显得浮飘甚至消失,简洁形体有如失去重量,几乎轻如日光。前述密斯50年前梦想的探索方案,到此才彻底实现[1]。但也有反面意见,说这种造型,看不出层数,感不

图132 波士顿汉考克人寿保险公司办公楼

---

[1] 柯布西耶说过,建筑历史就是光的历史。人们为争取阳光而使之透过玻璃窗,到欧洲中古时代有显著突破。在"半木架"(Half timber)楼房外围,除木柱外,全是玻璃窗,到水晶宫而达到顶点。在框架结构建筑大量采光,是本世纪20年代密斯提供的方案。1925年格罗皮乌斯设计包豪斯校舍,部分采用玻璃幕墙,再由1952年的纽约利华大厦和1958年的西格拉姆办公楼进一步定型。两者都尚未达到外观全是格子镶清一色玻璃的极简洁境界如汉考克这样造型。不巧汉考克完工后,1971年起就有玻璃偶然破裂,到1973年突来一次每小时120公里暴风,吹破玻璃(每片1.4米×3.5米,全部幕墙1万余片)16片;损坏45片,并轧破下层一些玻璃;到1975年陆续破裂而不得不用2.5厘米厚木夹板代替2000多片玻璃。最后全部改装厚38毫米回火玻璃以代替原装的两层夹心(中央隔14毫米空气)玻璃板。

到尺度，脱离地区，无视功能，内部结构和使用者工作活动全被遮挡。但有利的一面是几厘米厚幕墙所占面积比砖石笨重构造小得多，造价也较低，只是由于工业技术一时配合不上，玻璃边缝会渗雨漏气，隔热性能差，挡风力也不够强，当然，空调又是耗费能源的。最伤脑筋的问题是1971年，使用后有些玻璃开始破裂。1973年一次暴风使玻璃遭受严重打击，到1975年不得不全部重新装配另一种玻璃。同时延致加拿大与瑞士结构学权威探索事故原因。最后决定强调框架刚性，把中心竖塔进一步加固，准备抵抗未来百年内可能出现的任何风暴。贝聿铭最近完成华盛顿国立美术馆（原设计人John Russell Pope，1940年竣工）扩建的"东厅"（图133）。由于巧妙地结合街道位置，克服了在复杂地形角度布置平面的困难，建筑外观与原有石墙的谐调，以及带玻璃顶天井大厅作为观众通过的空间，充满节日气氛，以调剂即将步入的各陈列厅严肃单调感。东厅的设计已开始脱离现代展览建筑原理而步入多元论领域，指出未来博物馆建筑的新方向。

图 133 华盛顿国立美术馆东厅

105. 丹下健三

106. 新陈代谢派

第二次世界大战后,日本新建筑领域中坚人物是前川国男,曾一度做他的助手的丹下健三(1913—2005)再加坂仓顺造等。1960年丹下的事务所成员菊竹居伸、大高正人、桢文彦、黑川纪章,目睹建筑与城市面貌在不停地演变而提出"新陈代谢"学说(Metabolism),强调其中的成长、变化、衰朽的周期性,认为建筑和城市是在不停地运动、改进与发展,这是社会成长相互关联重要过程。新陈代谢派印发小册子题为《新城市规划创议》,并附规划方案。社会是发展又是具备生命有机组织,生产生活设施要不断改进以符合技术革新带来转变的要求,这是可以预见到的历史规律。还有,城市中用插挂建筑与立交方式,根据再生率分为等级,以使过时的建筑单体或设备可随时撤换而不影响其他单体。新陈代谢观念主要来自丹下健三。他1966年完成的山梨县文化会馆(图134A、图134B),是8层框架建筑由三家文化组织合用。在长方形平面内布置16个外径5米,4排圆形塔柱,既作为承重支点又是服务小间;在各圆筒内分设交通与空调设备以及盥洗等室。工作用室有的架桥通连，无室空位可接纳扩充计划，以符合新陈代谢主张。把圆塔作为辅助空间这想法来自费城学派康氏，在医学实验楼设计把主宰空间和从属空间加以区别。新陈代谢派善于取用他人的设想加以改进，如仿照阿基格拉姆插挂方式在博览会场地竖起的展品，或把传统形式配入新建筑。丹下总是想用日本固有艺术结合新社会要求，把传统遗产当作激励与促进创作努力的催化剂，而在最后成果中却看不出丝毫传统踪迹，这是他的创作秘诀。

107. "代谢后期"

把丹下60年代"代谢"学说再推进一步，是最近"新陈代谢后期"（Post Metabolism）（以下简称"代谢后期"）理论派，以矶崎新为代表，通过方案介绍以说明理论的多样性，从摸索中寻找矛盾。"代谢后期"的出现，有力地说明"新陈代谢"运动自身也正需要代谢。

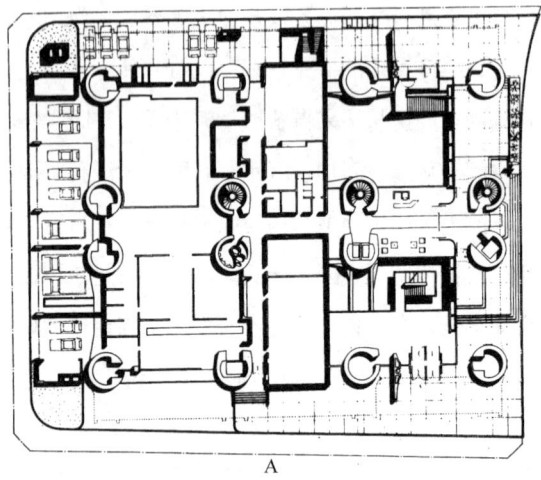

图 134　日本山梨县文化会馆
A——平面；B——外景

108. 承重幕墙

新建筑后期常见的造型，除玻璃幕墙，又有承重幕墙、金字塔式、倒金字塔（悬臂）等。承重幕墙被呼为"新式承重墙"；1957年渐次出现，是继1800年前后新创的框架结构又一次创新。主要是把习用跨度较大的内部支柱全部移置外围，变成密集垂直式或交叉式较细支柱，作为框架兼幕墙混合体，同时既承受垂直压力又负担水平荷载。有时长达16米跨度楼板底梁从中央竖塔伸到外围支柱起支撑侧压力作用。有时整片外"墙"起应力薄板作用。克尔提斯等（Curtis & Davis）设计的匹兹堡国际商业机器公司办公楼是X形钢构件网状承重幕墙（图135）。丹尼尔等（Daniel, Mann, Johnson & Mendenhall）设计的同类型结构美国水泥公司办公楼网状承重幕墙，则用X形钢筋水泥预制构件。幕墙承重结构由于楼下门面配合出入口要求宽敞，就把上层密集支柱全部截留在头层上部一条深横梁，梁下另排宽距支柱。前述纽约世界贸易中心也是承重幕墙结构。1961年史欧姆事务所完成的布鲁塞尔兰伯尔银行（Banque Lambert）8层办公楼（图136），每层用钢筋水泥预制"十"字形构件装配，构件中柱上下两梢较细以适应弯

图 135 美国匹兹堡国际商业机器公司办公楼

图136　布鲁塞尔兰伯尔银行办公楼

矩计算要求，各构件用不锈钢连接，玻璃窗退到幕墙后0.7米。

高层建筑传统结构方式自从芝加哥学派以来，一向是框架在内，外包幕墙。60年代做法有时相反，把框架暴露于幕墙之外，有时两者相离一米以上。优点是框架由于处在室外，如是钢架则防火要求可降低标准；幕墙脱离框架则既平又直，使用面积就相应扩大。

金字塔式或阶梯式造型上窄下宽，具有稳定感。在公寓或旅馆建筑，利于布置阳台。这类造型首次见于前述1914年未来派圣埃利亚"新城市"方案构图，1924年又出现在巴黎索瓦基（Henri Sauvage）设计的公寓。1977年冈德（Graham Gund）

完成的美国马萨诸塞州剑桥市"新凯悦酒店"(New Hyatt Regency)(图137),踏步式外观使500间客房几乎都能望见波士顿查尔斯河风景,阳台上的广阔视角有助于看得更远更多。倒金字塔式或悬臂式上宽下窄,例如前述布劳耶设计的纽约惠特尼博物馆以及1969年凯勒曼(G. Kallmann)等完成的波士顿市政厅(图138)。以上两类造型屡见不鲜。

另一种独特高层造型是前述芝加哥西尔斯(Sears)百货公司110层办公楼,由史欧姆事务所设计。1970年决定的方案是重叠式方筒承重幕墙造型,由底层的九格正方平面上升到套"田"

图137　美国马萨诸塞州剑桥市"新凯悦酒店"

图138 波士顿市政厅

字平面，然后以"一"字形平面结顶，主要以中心"口"字平面直升到顶作为核心竖塔。每方筒由边长22.9米，每边用中距4.57米的6根钢柱组成；钢柱之间用深1.02米横梁穿连。用钢量比一般框架节省1/3。外观高低错落有致，生动图景四面不同。体积上留出一些空位使按业务发展用分期添筑的筒形补满，其灵活自如的布局是任何其他高层造型所不易做到。这构思源出苏联建筑家罗巴钦（Lopatin）1923年作为构成派的莫斯科高层建筑一例（图139）。做一比较，两者何其相似！只要翻阅李西茨基1930年所著《苏联复兴建筑》中的插图，就可看到其中有些方案，似乎早已预见今天新建筑后期作品的趋势的一斑。

109. 薄壳

110. 托罗佳

钢筋水泥特点是可塑性，用以捣制薄壳是最适合不过的材料。薄壳没有梁、柱，专靠体形博得强度。由于仅仅出自膜面支撑，因而比传统钢筋水泥结构轻得多。西班牙人托罗佳（Eduardo Torroja，1899—1961）在马德里国际薄壳协会工作时，主要通过模型试验估量应力，计算则只做参考。

111. 坎迪拉

另一西班牙人、1935年移居墨西哥的坎迪拉（Félix Candela，1910—1997）于确定造型之后便求证于计算。两人同时都把薄壳当作独一无二处理空间的最经济手段，引起穹隆、折壳、双曲拱、桶壳等在各地推广。但薄壳不适用于多雨和气候极端冷、热地带。1952年坎迪拉为墨西哥大学设计的宇宙射线实验馆（图140），为使射线容易透过，水泥薄壳厚度仅16毫米，1957年他在墨西哥首都附近"花田市"（Xochimilco）

图139 莫斯科构成派高层建筑一例

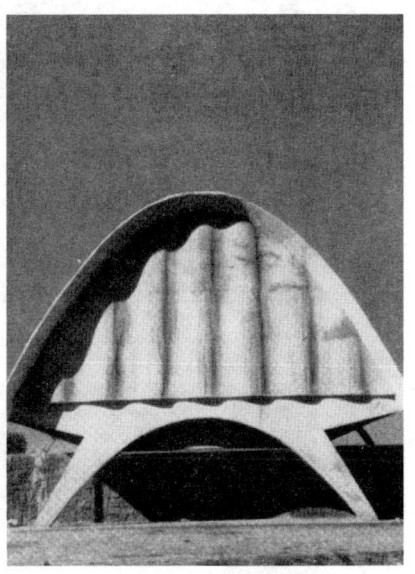
图140 墨西哥大学宇宙射线实验馆

设计薄壳餐厅（图141），用8块各厚40毫米预制双曲拱拼成如一朵覆地莲花，面积900平方米。沙里宁1955年设计的麻省理工学院圆形礼堂（图142），三脚落地，1/8球面薄壳，以及1960年设计的纽约环球航空公司四脚落地鸟形薄壳候机厅（图143），都具独到塑型构思。迄今最大薄壳建筑是巴黎1958年完成的由卡米罗等（Camelot，De Mailly & Zehrfuss）设计的

图 141　墨西哥花田市薄壳餐厅

图 142　美国麻省理工学院圆形礼堂

国立工业技术中心（CNIT）陈列厅（图144），三角形平面，双层各厚60毫米钢筋水泥薄壳顶，三个支点相距260米。1956年澳大利亚政府公开征求悉尼港歌剧院建筑方案，丹麦建筑家伍重（Jørn Utzon，1918—2008）中选。他的方案是8只壳体屋

图143　纽约环球航空公司鸟形薄壳候机厅

图144　巴黎国立工业技术中心薄壳陈列厅

顶，坐在花岗石墙身，远望如白帆近岸，极富诗意（图145）。

　　但这具有高度想象力构图，在施工阶段出现重重困难；如壳体结构问题和壳体由于斜卧而产生力学问题，使工程造价超出预算10余倍，时间也拖17年[①]，到1973年才完工。纽约环球航空公司候机厅薄壳施工也够麻烦，除130幅施工图之外，还须补绘200张支柱模板图纸，上述两特殊实例说明开始设想薄壳造型时未曾预料到的棘手问题，但成果却是惊人的图景。

---

① 伍重学建筑专业。在巴黎遇见过柯布西耶，到美国曾在赖特处学习，又和密斯接触过。1945年在赫尔辛基阿鲁普事务所工作半年，又在瑞典工作三年，50年代主要设计居住建筑。1956年悉尼歌剧院建筑方案得头奖之后，用奖金周游世界，1964年到中国并游南京。歌剧院工程的反复曲折，纠葛困难，加上澳洲政治背景，使他进退维谷，终于辞去任务，由澳洲政府委托当地建筑工作者把歌剧院工程完成。但壳体屋顶结构计算和施工还是由他和阿鲁普（Ove Arup，1895—1988）几经研讨，再做出最后决定，把壳体改成预制双曲肋架，上敷水泥面层，外铺白色陶片。阿鲁普在哥本哈根工科大学毕业后，对英国"泰克敦技术团"感兴趣而到英定居，1934年和这集团合作过。1938年起他的伦敦事务所主要承担建筑结构计算工作，享有威望。

图145　澳大利亚悉尼歌剧院

112. 富勒球体网架

按照传统保守看法，薄壳已经很难列入建筑领域，只因体形新颖造价经济而遭青睐，但自重更轻造价更低，完工最快的是网架。美国富勒（Buckminster Fuller，1895—1983）的球体网架构思基础，出自地球是以最小面积包含最大体积这一原理，谋求用最少材料，赢得最大空间；他的哲学和密斯的"少就是多"相对应，是"少里求多"。他用高拉力金属杆联结成为基本单位是三角形六边形等网状球架，每杆既承受拉力又抵抗压力，运输轻便，装配时网架本身就是脚手，即使不熟练工人也能于短时间拼接完成，外包一层透明塑料，最适合临时性陈列，如加拿大1967年蒙特利尔国际博览会美国馆（图146），就是用他所制定的76.2米直径半圆球体网架外罩薄膜的8层高度展览厅。他本来设想用球体构筑物解决廉价大量住房问题，于1927年就试制用极木夹板拼配成为直径12米圆顶住宅，即他所称的"精悍高效"式（Dymaxion）居住建筑（图

图146　加拿大蒙特利尔市国际博览会美国馆

147）。试把这住宅与赖特设计的本世纪初住宅比较，赖特只不过是首次，但却未曾触及科技皮毛的革新，而富勒才是真把科技当作建筑神髓的革命。富勒又在1946年试制金属板圆顶住宅。不过，对亚洲第三世界有现实意义的，倒是他利用1.8米竹竿编结网架构成为7.6米直径球体的住宅；这有赖于对节点用

图147　富勒"精悍高效"式住宅

料、设计与土法制造的经济性、大量性的研究。他的最大胆的设想是用圆顶网架包盖芝加哥市以提供恒温条件,以及用直径3.2公里圆顶网架把纽约市北半的商业区300万居民包在下面,以便控制气候。球体网架在世界各地多被运用。他和康氏同时在耶鲁大学任教,因而他的结构哲学也影响路易斯·康设计的耶鲁大学艺术陈列馆屋顶与楼板承重密肋梁三角分布方式。

总之,薄壳派、网架派还多少联系到某些建筑造型,至于竖竿张网做法,尽管也是处理空间一种经济手段,毕竟处于建筑之外,属"阿基格拉姆"的"虚无"范畴了。德国人奥托(Frei Otto,1925—2015)专长于悬索屋顶、充气结构;此外,他1967年在蒙特利尔国际博览会场设计的西德馆(图148)是竖钢管张网,盖塑料屋顶。但比他还早的是"阿基格拉姆"成员普赖司与其他人1961年在伦敦动物园设计的张网鸟笼(图149),这对鸟类来说最是"宾至如归",乃极合逻辑的体裁。奥托也有像富勒的设想,建议在两座山相距40公里之间拉悬索以吊挂下面的覆网城市。球架、覆网的轻便本质,完全符合"阿基格拉姆"赋予建筑的消耗性与临时性,既装拆容易,又投资低廉。本来,建筑发展倾向于从重到轻,从不透明到透明,从虚伪到真实;看来,富勒的探索对推动将来建筑趋势起有力作用。

图 148　加拿大蒙特利尔市国际博览会西德馆

图 149　伦敦动物园张网鸟笼

Ⅶ 新建筑后期

上文综述自从19世纪中叶以来建筑的演变，以及各流派原委与相互的交叉和影响。1870—1910年40年间，约15种不同建筑艺术风格问世。虽然水晶宫放出新建筑曙光，瓦格纳1895年所著《新建筑》一书又强调建筑时代性，但名副其实的新建筑到1911年才出现，即格罗皮乌斯设计的鞋楦厂。

113. 纯洁主义

随后，又有他1926年完成的包豪斯校舍与翌年斯图加特居住建筑展览。这些建筑造型特征都是平屋顶、大片玻璃以及洁白墙面，因而被贴上继承表现主义的纯洁主义（Purism）标签。这期间除门德尔森1920年设计的波茨坦天文台充满曲线，造型全趋向直线方盒体。斯图加特居住建筑展览几乎包括欧洲先驱建筑家全部参加活动，这就奠定国际形式调子，达到新建筑纯洁主义完全成熟阶段。

114. 新塑型主义

这时期流派如以密斯为代表的新古典主义（Neoclassism）和回到新艺术运动时期的新自由派（Neoliberty），以及继续与立体主义画派相联系，风格派信条，强调建筑的清晰几何规律的新塑型主义（Neoplasticism）等。1932年约翰逊和建筑史学家希区柯克（H. R. Hitchcock）合著《国际风格》（*International Style*）一书。"国际"这词袭用1925年格罗皮乌斯所著《国际建筑》，把"国际"风格作为新建筑主流，迄这时为止，正是另一个建筑史学家班纳姆（Reyner Banham）所称的第一机器时代（The First Machine Age）建筑。他称1931年以后为第二机器时代。国际建筑除30年代在德国与苏联受到批判，在其他地区则流行直到50年代。早期可用包豪斯校舍（1925年，作为国际风格开始）和巴塞罗那德国馆（1939年）为代表，晚期以1950年前后密斯设计的芝加哥一些高层公寓与沙里宁1951年设计的通用汽车公司技术中心为代表，这风格排除装饰，追求容积不追求体积，讲匀称而不是对称。回顾30年代，从新建筑权威如赖特、密斯、柯布西耶作品中,仍然看到既与本世纪初有强烈对比而又兼具彼此显著不同的个人风格;但久之其他人的设计就千篇一律,似曾相识但无所表现,缺乏表情而且过于标准化、典型化、机械化;过于单调硗薄,无论建筑功能如何,不管是教堂或学校,都用同一形式处理;再加上人情味不够,尤其把人降低到抽象地位,使在企业财团高大建筑面前望而生畏;利华大厦、西格拉姆大厦,都不过宣扬工商企业至高无上,表现资本集中和操纵市场;否定传统审美观念,许多新措施新设备由于有些还在试用或因经验不足而非完全可靠,以及偶然有的屋顶漏雨甚至技术上出些事故,这又使人们不免向往昔日的经久耐用、宽窄称身、能源要求很马虎的建筑物了。但也有人认为还是方盒子效率较高,兴建方便,也较为经济。这又转到密斯的直线条造型,因而引起今后建筑向何处去的问题。新建筑纯洁派的光白墙面容易污损这一事实,导致改用粗犷水泥盖面,并且,只要不是直线盒子国际形式就有出路,因而又出现曲线曲面,几乎重温本世纪开始前后的新艺术时代旧梦。

115. 新建筑后期

典型者例如法国朗香圣母教堂、悉尼歌剧院以及纽约环球航空公司鸟形候机厅，这些都是50年代中期发展出来的称为"新建筑后期"（Post-Modern）作品。"后期"是对新建筑一种反应，是中年建筑家创作的新方向，从沙里宁反对总是沿用单一形式、康氏总丢不掉巴黎美院古典拐杖开始。新建筑后期既非不停地革命，也不是不停地革新。"后期"这词，本是1949年胡德那特（Joseph Hudnut）在文章中所提出，被詹克斯（Charles Jencks, 1939—　）于1976年引用而再现并被肯定下来。

美国建筑教育直到本世纪30年代仍然沿袭巴黎美术学院传统。著名建筑家从芝加哥学派开始就多由巴黎毕业，建筑专业院校有的也请法国教师。格罗皮乌斯与密斯1937年前后相继到美国定居，从教学岗位对美国建筑哲学施加影响，把美国人从追随法国建筑思想扭转到追随德国；但这都是外来文化，而真正土生土长的美国权威除赖特外，应是富勒。由于他不是建筑家而是技术家，完全从严格科技观点出发，对国际建筑提出一系列疑问。比如柯布西耶于1928年设计的萨沃伊别墅，富勒认为根本不能称为机械时代建筑,而只不过在水泥框架砖墙外面披一层有别于过去的新外衣,只不过建造在机械时代,和他所想的机械化毫无共同之处。倒是他自己设计比萨沃伊早一年的前文提过的"精悍高效"式住宅,却属于名副其实而非比喻的"居住机器"。这是一种易消耗住宅,由6面又薄又轻金属墙板搭配双层透明塑料,吊挂于容有机械设备的金属竖筒周围;其组成既接近飞机制造精神,也与伦敦水晶宫轻灵构件预制装配施工的观念相符合。斯特林的观点则与富勒相反,认为空间桁架、张网帐篷、塑料气泡等高技术结构,都单调无趣;只适用于临时性展览会场;他宁愿设计一座技术普通、造价公道、材料方便的建筑;这说明他和阿基格拉姆主张有不一致地方。如果萨沃伊别墅是建筑,则富勒的住宅,就介于建筑非建筑之间,这牵涉到评论标准。

116. 新历史主义

新建筑后期一些主要支流,如历史主义者(Historicist),始自50年代的意大利。设计时引入巴洛克曲线,施工时杂砌水泥板块带不齐的接缝,倒退至古罗马与中古时代点滴作风;把新的旧的混在一起,把美的丑的混在一起。美国60年代的约翰逊，抛弃了密斯的准则，另谋出路，不再用直线方角而转向弧券洞。山崎念念不忘高矗式建筑美。丹下健三利用日本传统木构架露明梁头，通过钢筋水泥使之实现，作为一种民族形式，如他1958年完成的9层楼香川县厅舍。文丘里1960年起试用装饰线角、古典柱式，在居住建筑改用坡屋顶和圆券窗门等历史形象。联系到前述约翰逊纽约美国电讯公司总部楼方案风格，不管是高层还是小住宅，两人互相呼应，这都说明穷则思变，物极必反的规律。

117. 新纯洁主义

新纯洁主义（Neo-purism），这派要从建筑上排除一切垃圾，但纯洁并不等于简单。第一次世界大战后，20年代开始的纯洁主义建筑，流行到1932年，主要以密斯为代表。纯洁主义者打扫工作的努力中，把一些合理因素也搞掉，甚至抹杀建筑功能。新建筑洁白墙面的特点产生容易污损的缺点，因而被国际风格建筑取代。至于新纯洁主义，只不过是20年代作风的复活甚至是表现主义的重演。今天，爱因斯坦天文台很容易用钢筋水泥再造一座。但许多富有雕刻性的新纯洁建筑造型被认为没什么意义甚至惹起反感。

118. 新方言派

新方言派（Neo-Vernacular）是20世纪新建筑与19世纪砖石建筑混合体，70年代在英国开始成为居住建筑热门形式。回到坡屋顶、砖墙和厚重细部处理，以及居住建筑圆券门、细高窗，模仿石砌预制水泥块外墙，这些都是人们（包括使用者在内）熟悉的"语言"。在这点上，除英国惯用砖墙外，与美国的文丘里历史主义作品难以区分。这派建筑作品据说在邻里中有助于培养和睦气氛，能起通过建筑影响改造人们行为态度的作用。

119. 新朴野主义

新朴野主义（Neo-Brutalism），1919年柯布西耶把设计的住宅用粗水泥盖面，称为Beton Brut。他在30年代做些住宅方案，用毛石、陶土砖、树干，信手拈来的材料，不熟练工人甚至房主自己也可以施工。50年代他设计马赛居住单位，由于造价限制而把钢筋水泥梁柱停留在模板木纹状态。约勒住宅（Maisons Jaoul，1954—1956）钢筋水泥过梁和清水砖墙任其露明不再盖面。这种古拙做法与30年代初萨沃伊别墅光平洁白墙面适成对比，具有不伪装不隐瞒忠实态度，这正符合清教徒精神而被英国建筑家1954年给贴上"新朴野主义"标签。这年，诺福克郡完成一所学校，比密斯做法还简素，因而成为新朴野主义代表作，以迎合当时英国建筑事业的艰难，也嘲弄了新人文主义者左派。斯特林这时也把城市建筑情调转向乡村。新朴野主义不但在材料与结构表现坦白，即设备管道线路也任其暴露；既在建筑上保持率真，又具有领会对本世纪初开始的新建筑追求实际与原则标准的更深含义。粗犷水泥做法也影响美国、日本、意大利建筑造型。新朴野主义既不同于富勒极端机械主义也不是一场革命而仍属新建筑范畴，在不推翻新建筑同时，把它再推进一步。

除上述新建筑后期一些支流以外，还有新传统派（Neo-Traditionalist）、激进折中主义（Radical Eclecticism）、新理性主义（Neo-Rationalism）、后期功能主义（Post-Functionalism）、新构成主义（Neo Constructivism）等。

120. 建筑期刊

新建筑流派有的在组成时发表宣言，阐明宗旨与活动目的，更有发行定期组织刊物。出版商建筑期刊也经常登载建筑家工作成果、言论与活动以及设计风格及趋势，加以讨论与评价。最早问世的是柏林1829年的建筑杂志。1891年美国出版的《建筑实录》（*Architectural Record*）从未间断，到今仍照常刊行。1893年开始发行的《瓦工》（*Brick Builder*）后改称《建筑论坛》（*Architectural Forum*）。英国于1896年始刊行《建筑评论》（*Architectural Review*）。第二次世界大战后美国又出版《进步建筑》（*Progressive Architecture*）。法国则1930年首次发刊《今日建筑》（*Architecture D'Aujourd'hui*）。德国20—30年代有关新建筑期刊是《新建筑形式》（*Moderne Bauformen*）。这些期刊无不抢先登载新建筑成长动态，而《建筑实录》和《建筑论坛》又分期介绍赖特作品专栏甚至有时专刊发行。英国的《建筑评论》更对新建筑近来发展和趋势引人注目地加以探讨。

121. "国际建协"

建筑家国际性活动始自1867年欧洲成立的"建筑师中央协会国际委员会"（Socièté Centrale des Architects Internationale Comité），后改称"国际建筑师常设委员会"（Internationale et Permanent Comité des Architects）。1932年法国雕刻家

布洛克（André Bloc，1896—1966，《今日建筑》创刊人）与瓦戈（Pierre Vago）访问苏联时，和其他国家建筑师会面后，于莫斯科创设"建筑师国际联合会"（Reunion Internationale des Architectes），曾开会两次。1948年在瑞士由23个国家代表决定把已解散的"建筑师国际联合会"与"国际常设委员会"合并，改称"国际建筑师协会"UIA（Union Internationale des Architectes）（以下简称"国际建协"），法国的佩雷任名誉会长，英国阿伯克隆比任会长。参加会议的达400人。随后每隔二三年开会一次。1955年在荷兰召开的第四次大会，接纳中华人民共和国为会员。1958年在莫斯科第五次大会上选我国为副主席之一，1961年连任到1965年。这时已有60个会员国。1972年在保加利亚召开第十一次大会，我国从1967年起失去联系以后，这次重新派人参加。这又是第一届世界大会，到会54国，2000人与会。1978年会议在墨西哥召开。历次讨论项目有民居、学校、文体活动建筑，还有城市规划，建筑工业化，建筑师职务、义务等；会场有时展览会员作品，都对新建筑起促进作用。回顾1927年"德制联盟"主办斯图加特居住建筑展览，是建筑家国际活动的开始，1932年维也纳公寓建筑展览除法、德、奥、荷的建筑家参加，还扩大到包括美国建筑家的设计，但这些还是小规模合作。世界性广泛联合则肇始于1928年的"国际新建筑会议"。这会议1959年不再继续,就由"国际建协"作为世界性唯一组织,代表所有建筑家对新建筑运动的促进。

122. "蓬皮杜中心"

巴黎1977年完成一座最新型文化宫——"国立蓬皮杜艺术文化中心"(Centre National D'Art Et De Culture Georges Pompidou),巴黎虽然有以罗浮宫为首的很多艺术博物馆,但都不过只作为承袭传统古物的堆栈,缺乏陈列的灵活性与普及作用,缺乏现代多种多样文化的广泛交换与流通措施。60年代法国文化部长马尔罗建议成立一座20世纪大博物馆并邀柯布西耶参与建馆设计,当时柯布西耶认为馆址应在市中心而不该如选定的偏僻西区而谢绝合作。政府总理蓬皮杜从1969年就要求在市中心区建一新图书馆。恰巧布伯格(Beaubourg)高阜两年前拆除百年以上的商场[①]而让出一片空地,就在商场

---

① 巴黎的宏伟铁架玻璃中央商场(Halles Centrales),1853年由巴尔特(Victor Baltard)设计兴造,作为奥斯曼改建巴黎的开端,供百万居民消费活动。1967年拆除,曾引起保存派一阵抗议。

原址之东按蓬皮杜设想把图书馆设计扩大，包括艺术作品展览、电影音乐演奏、戏剧音响研究，以及工业美术设计；把视听觉艺术活动完全集中于一座大厦之内。另外又设餐厅、商店、饮食店、停车场，准备每天接纳一万人，使邻近居民、学童、艺术家、工业家、工人都有机会参加活动，使这中心成为文化超级市场。1969年举办建筑方案国际竞赛，收到来自71国方案691件。评选人有美国的约翰逊、丹麦的伍重、巴西的尼迈耶等，而以法国建筑家为评选主任委员，结果由意大利人皮亚诺（Renzo Piano，1937— ）伙同英国人罗杰斯（Richard Rogers，1933— ）得头奖。建筑平面48米×166米，高42米，6层（图150、图151、图152、图153），预制装配，钢管钢条梁

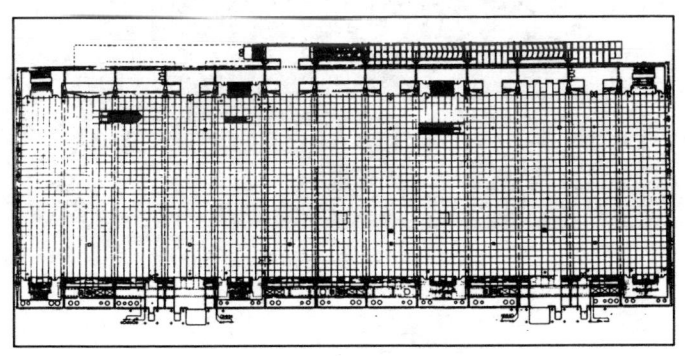

图150　巴黎蓬皮杜中心第二层平面图

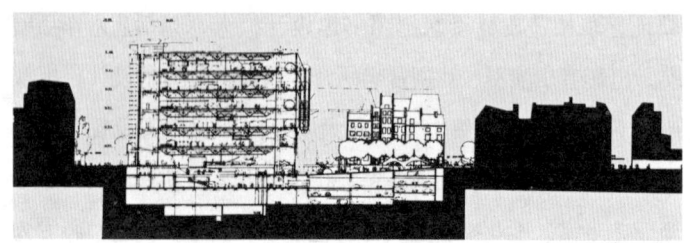

图 151　巴黎蓬皮杜中心外景（一）

图 152　巴黎蓬皮杜中心外景（二）

柱都由西德克虏伯厂经铁路运来,这中心的大厅四周是玻璃幕墙。为强调空间完整性,把水、电、空调、管道、电梯、自动梯都移置室外[①]。内部天花板面满布设备管线,隔墙不到顶。最大胆的建筑家都不敢设计出这样的"工厂";人们称这是神化了的英国阿基格拉姆作风。这中心一反传统用石墙封闭的展

图153　巴黎蓬皮杜中心自动梯立面

---

① 蓬皮杜中心暴露室外的设备和管道,都用强烈颜色区别:交通用具涂红色,水管绿色,空调蓝色,电路黄色。

览建筑外观,而代以玻璃幕墙,利用透明体象征散布文化作用的富有活力智育宝库。外罩透明塑料的露天自动梯把观众由地面送到各层大厅,同时通过这空中走廊眺望巴黎全市。开幕后头一年这中心每日有两万以上参观者,其中不少只是为了到屋顶一看市景。除真诚关心文化者以外,也有追求消费节日气氛的群众。蓬皮杜中心的出现,引起议论纷纷。早在1925年,柯布西耶在巴黎万国博览会场设计的"新精神"馆,就惹起"这

图 154　巴黎蓬皮杜中心管道立面

是不是建筑"的疑问。今天,人们又一次问,这"中心"是建筑吗?具有讽刺意味的是,巴黎美术学院主持建筑风格一二百年以来,突然间令人看到以工业建筑手段处理公共建筑。这意味着敲学院的丧钟。布伯格地区本来满布从17世纪以来二三百年形形色色的旧老建筑物,被包在中间的蓬皮杜中心和环境如何调和?但有些人就是要求新与旧的强烈对比。柯布西耶在哈佛大学1962年完成的视觉艺术展览馆也是如此。评论者更指出

图155 巴黎蓬皮杜中心内部夹层(工业美术设计中心)

蓬皮杜中心的设计人太过于歌颂科技,突出地表白水、电、暖通设备,而不是宣扬艺术文化,因而违背建筑使命。但今天的艺术文化,有别于古典艺术文化,陈列馆面貌也不可避免随之改变。蓬皮杜中心具炼油厂化工建筑面貌(图154),而不像罗浮宫,就是因为它不仅是时代产物,而且为21世纪建筑风格预定调子。蓬皮杜中心(以下简称"中心")和伦敦水晶宫对照,"中心"的内部(图155)和水晶宫内景(图2)没什么两样。"中心"外观,既具钢材构架精神如1937年巴黎国际博览会"新时代"馆(图84),也与前述法兰克福函购出口公司楼(图114)难以分辨。水晶宫与"中心"相隔120多年,但基本精神未变。"万变不离其宗",变来变去,正如法国谚语所说,"越变越一样"(Plus ca chango, Plus c'est la meme chese.)。

创造者的颂歌
——读《新建筑与流派》

摆在面前的这本书——《新建筑与流派》，篇幅不大，外表平常，和它所包含的深邃内容颇不相称。在书里，童寯教授为我们描绘了现代建筑由萌芽、成长到繁荣的鲜明而完整的全景。著者在将近80高龄时写成的这本书，不仅仅是为了给知识界提供有关新建筑流派的知识，而且是他长期注视世界上建筑动向，有所感、有所期望而发。著者以探索中国的建筑方向为出发点，把世界现代建筑发展过程所经历的曲折坎坷，引为经验教训，希望有助于人们开阔眼界，展望未来，不再重复我们也曾经历过的那种坎坷曲折的历程，多些科学性，少些盲目性，创造出无愧为世界上高度文明、高度现代化的人类工作与生息的环境。

我们所说的新建筑，区别于历史上以天然材料和陶质材料为主，用手工操作和体力搬运为主的方法生产出来的建筑物，而是使用水泥、钢材、玻璃以至合成材料为主，装备有先进的设备系统，采取先进的结构方法和机械化、工业化方法生产的建筑物。新建筑的发展历史，大约有100多年了。这也是建筑领域新生事物战胜并取代旧事物的过程。

新建筑诞生的标志，著者定为1851—1852年建造的"水晶宫"——英国伦敦国际博览会陈列大厅。他强调指出了它在技术上的先进性。当时，钢铁、水泥、玻璃已开始用于建筑，但是，占统治地位的仍是传统的建造方式古典主义形式，新事物的优越性或不可替代性并未充分展示。而这一次，陈列厅面积很大而工期要求非常短，传统的技术和形式对此无能为力，只得让位于使用新材料和先进结构，预制装配、施工迅速的新建筑。优胜劣败，先进代替落后，这是必然的结果。

正如作者所指出的那样，水晶宫只是一个萌芽。它还不具备普遍的说服力，它的功能性质特殊，而且属于临时性建筑。但是水晶宫毕竟展示了新颖的造型与前所未有的空间效果，因而它在欧洲引起的轰动久而不衰。即使僻处德国乡村的农舍屋壁，也悬挂着水晶宫的画片。它说明，新的现实，新的造型，创造新的美感，并推动新的美的追求。

著者指出，真正作为新建筑开端的，应是1911年由现代建筑主要创始人之一、德国人格罗皮乌斯设计的法古斯鞋楦厂（在今联邦德国的阿勒费德）。这座工业建筑用钢架结构和玻璃幕墙，最早使用转角窗。新颖的造型处理，完全与古典原则对立，摆脱了手工操作的繁缛与堆砌，简洁明快，令人耳目一新，体现了新建筑的性格。

风格流派约有15个之多，著者都扼要加以介绍，如意大利的未来主义、荷兰的风格派、法国的立体主义、德国的表现主义等。就中，著者特别对苏联构成主义（constructivism）的命运深有感触，于此反复致意，所述颇详。

苏联的构成主义成立于1920年，在整个20年代是苏联建筑潮流的主导力量。十月革命的胜利，使西欧许多现代建筑代表人物为之欢欣鼓舞，他们认为，新的建筑最能体现时代精神，因而寄期望于苏联，认为只有它才是新建筑驰骋的广阔天地，于是纷纷前往苏联为建筑设计献计献策，从而使苏联建筑界出现了空前的繁荣。这10年被后来的建筑史家称为"雄姿英发"的新建筑运动时代。然而，1928年，柯布西耶设计的莫斯科合作总部大厦却被"无产阶级建筑师学会"斥为"托派幽灵"。自1930年以后，苏联官方也对抽象艺术（包括构成主义的建筑思潮）渐生疑虑，认为它与"资本主义世界沆瀣一气"，不再予以支持，而与所谓"现实主义建筑风格"重修旧好。原来支持构成主义的教育部的卢那察尔斯基见状也一改过去的思想观点，转而支持古典主义折中主义，认为必须含有古典成分才够得上社会主义创作。在苏维埃宫的设计竞赛中，一切现代建筑的优秀方案（包括柯布西耶的方案）均被否决，而古典主义的约凡等三人的平庸方案却得以获胜。这是用行政命令方法规定建筑发展方向的结果。约凡方案（顶端是100米高的列宁像）虽然始终未付诸实施，而构成主义却因遭到打击从此一蹶不振。由于此后长期没有正常的学术争论和方案优劣比较，结果造成思想的窒息和创作上的僵化。这种局面，直到50年代中期才开始有所转变。在今日苏联，现代建筑又复成为主流，不仅对柯布西耶设计的莫斯科合作总部大厦的好评，早在1962年就已达到高潮，而且，苏联建筑界还出版了构成主义的设计作品集，作为对先驱者的追念。

构成主义尽管受到西欧的影响，毕竟是在俄罗斯形成的。在其间起到重要作用的，便是后来成为构成主义代表人物之一的李西茨基，"但苏联一些保守派竟认为构成主义完全是资本主义技术产物！"著者在谈及李西茨基这位令人尊敬的建筑家时，以深情的笔触写道：他"虽然出身于资产阶级知识分子家庭，又在德国受过高等教育，但努力成名之后，不贪图在资本主义社会所享有的学术地位，在关键时刻，难易去就之间，毅然做出决定，回到革命后的祖国，过着笃信共产主义的一生"。李西茨基坚持20世纪的建筑是社会性的这一理想，主张通过建筑，改进劳动人民的生活条件。他援引歌德的话说："我是人，那就意味着是战士。"他身体力行，终生为实践这一崇高的理想和信念做不懈的斗争。然而，资产阶级知识分子家庭出身的爱国者，在封建血统论——唯出身论的歧视下，往往备受压抑和冤屈，尤其使人痛心的，是把学术上的异同（且不论孰是孰非）混同于政治上的是非，这对科学事业的发展，是极为有害的。在我国，对于建筑思想上的争论，也曾出现以行政命令的手段，上纲上线，横加干预。创作上的生动活泼局面，也因之长期窒息停滞。这一严重的教训，是值得我们永远记取的。

为著者一唱而三叹、称赞不已的是现代建筑运动的怪杰法国人（原籍瑞士）柯布西耶。他一生中对现代建筑的发展做出了杰出的贡献，并提出了许多富有预见性的想法。他不但勇于在创作上进行探索，而且不断大声疾呼、著书立说，对保守的折中主义予以抨击。他遭遇坎坷，一再挫败，但屡败屡战，毫不气馁。他在苏维埃宫设计竞赛失败后，分别致函卢那察尔斯基与莫洛托夫（方案评选主席），认为"这一决定给苏联建筑生动力量拖后腿"。其后事情的发展证实了柯布西耶这一预见。著者对日内瓦国际联盟总部大厦设计竞赛的描述非常生动:柯布西耶的方案功能合理,照顾到交通、音响、造价和建筑与周围自然风光的关系,是一个杰出的构思;这方案事后遭到折中的修改,使他大为气愤,向国际法庭提出申诉,却未被受理。"于是,四平八稳、毫无生气的国联大厦,遂脱稿于认识落后、建筑落伍的几位庸材之手。"(本书111页。这一段话上,附有国联大厦竣工外观全景图,其风貌很容易令人联想起我国常见的四平八稳的对称式设计。)童老写作的笔调是冷峻而客观的,但褒贬臧否却力透纸背,著者的见解与倾向亦深寓其间,这正是唯大手笔方才擅长的"春秋笔法"。

柯布西耶受思想落后者的排斥,转而结社立说,高树现代建筑旗帜。他1928年倡设的"国际新建筑会议"(CIAM)是一个很有影响的组织;该会议于1933年提出的《雅典宪章》,指出城市功能四要素是:居住、工作、交通与文化。这是人类认识建筑发展历程中一个重要标志,尽管它还存在未能考虑到城市人口激增带来的影响及其对策的缺陷。

第二次世界大战之后,柯布西耶的理论和实践被国际社会普遍肯定。纽约联合国总部建筑群方案,就是以他的构思为基础，由美国人哈里森完成的。他的马赛居住单位（Unité d'Habitation），印度旁遮普邦昌迪加尔首府建筑群，都给世界很大影响。他的朗香教堂，处处是曲线、倾斜面、不规则开口，好像蓄意与通行的惯例对立，但却生动而充满诗意。在这里，柯布西耶提供了一个技术服从于空间艺术的典范，为他的多样化思想做了重要补充。柯布西耶已于1965年去世了。盖棺论定，著者这样评价这位新建筑运动的怪杰：

> 柯布西耶工作60年的一生，是抱怨孤僻、坎坷失望的一生。所做方案，尽管具划时代构思，有的却不被接受，已建成作品也毁誉参半，因而自认是受害者。但到了晚年，他确实也得到应有的评价，受到绝大多数人推崇。如果没有柯布西耶其人，尽管仍出现新建筑，但却是不够理想的新建筑。……他于1965年在地中海滨游泳后心疾突发而殁。灵柩被抬到巴黎罗浮宫，棺上覆盖着法兰西三色国旗，由国家卫兵站岗护灵。来自希腊电报要把他遗体葬在雅典卫城；印度电报建议把骨灰撒在恒河上空……

著者以如此深情的笔触来描述柯布西耶身后的备极哀荣，固然是为了对这位百折不挠的先驱者表示崇敬，但它也从一个侧面反映出一位对人类做出贡献的建筑师在文明社会中所得到的应有尊重。在我国,建筑师的地位和作用是一个令人感慨的话题。他们常是说了不算,可有可无的角色。无怪任谁说了几句肤浅的老生常谈,即可被视作"建筑专家"了。人们从一些建筑物上也可以看到官僚主义背离科学与实际留下的印记——在单元式高层大寓正中,偏要加贴一个谁也不走的大门以显示堂皇气魄;几十米高的大厦顶部,一定要加一圈挑出来好几米的大檐口;在古刹园林中随意拆改开辟小汽车通道。松下喝道,花上晾裈,谁大谁说了算,建筑师却得不到应有的尊重。如果这种情况不改变,又怎么会产生出柯布西耶那样的狂飙式人物呢?创造我国建筑的新风格这一任务,作为社会分工,理所当然地落在了建筑师身上(领导者只有检查、督促的责任,而无越俎代庖的义务),它取决于建筑师(包括培养他们的教育体制)能否胜任,但也同时取决于整个社会对建筑创作的艰辛和意义的理解。建筑的规划和设计,是高难度的创造性劳动。创造一个美好的、充满生机活力的、科学的环境,对于人类的健康发展,其意义是怎样估计也不会过高的。我们相信,随着建筑师的地位在我们社会中的不断改善和提高,创新环境的逐步形成,像我们这样创造过长城、故宫、高塔、虹桥等优秀古代文明的民族,一定能创造出不亚于世界任何民族的现代文明。这是阅读过本书对柯布西耶的述评后必然会产生的感触与联想。

著者并不太推崇美国本土的建筑思潮。美国有过一个芝加哥学派，但在风格上并没有产生世界性的影响；出过一个赖特，有许多奇妙构思，对现代建筑发展做了很大贡献，但是没有普遍意义。著者指出："美国建筑教育，直到本世纪30年代，仍然沿袭巴黎美术学院传统。著名建筑家从芝加哥学派开始就多由巴黎毕业，建筑专业院校有的也请法国教师。直到格罗皮乌斯与密斯1937年前后相继到美国定居，从教学岗位对美国建筑哲学施加影响，把美国人从追随法国建筑思想扭转到追随德国。"美国著名建筑师中，很多是30年代、40年代移民美国的欧洲人和亚洲人。欧洲的影响主要来自德国"包豪斯"。"包豪斯"的创始人格罗皮乌斯是实干家兼教育家，他是工业化大量生产、预制构件和标准设计的先驱人物。著者认为：格罗皮乌斯、柯布西耶和吉迪翁（理论家，《空间、时间与建筑》的作者）是国际新建筑会议的三位主要活动家。

著者总结了19世纪中叶以来建筑的演变和流派的相互影响，看到现代建筑经历了萌芽到成长的过程，大师们各有自己独特的性格，之后，说："久之，其他人的设计就千篇一律,似曾相识但无所表现,缺乏表情而且过于标准化、典型化、机械化,过于单调硗薄,无论建筑功能如何,不管是教堂或学校,都用同一形式处理"……于是,出现"新建筑以后"(Post Modern有些人译作"新建筑后期")的阶段。著者列举"以后"的一些分支流派的表现,说:"这都说明穷则思变,物极必反的规律。""以后"思潮在我国建筑界引起很大兴趣,青年一代尤为向往。有人斥为无知妄说、妖言惑众,有人认为大有道理、发人深省。著者并未对此加以简单肯定或否定的判语,而是认为,"以后"的出现是合乎规律的,是针对"现代建筑"或国际式的缺乏个性的一种反应。这种要求不是功能的,也不是技术经济的,而是美学的,联系到人的心理因素。确实,现代新的建筑理论,涉及人的行为心理,涉及人与周围自然界的关系、生态环境等等,认识比过去复杂而深刻多了,这无疑是一种进步。

建筑的美学问题尤其是一个复杂而重要的问题。我们不能回避。现代建筑击败古典主义、折中主义,首先并不在于它的美学理论,而在于它在技术上功能上的合理、先进,同时又经济的优越性。然而,人们并不是为了技术和经济本身而建造建筑;建筑毕竟是为满足人们的各种需求而存在,其中,也包括美的满足。美感要求应同现代技术相协调(否则它会成为障碍而被淘汰），但是又要满足人们多样化的要求；单调乏味不行，要丰富多彩，富有个性。有人主张改造趣味、改变传统的习惯的美学观点以适应技术的发展，有人在现代化技术的基础上尝试多样化的途径。这就是当前实际情况。我们不能说何者是唯一正确的方向，也许两种倾向将长期并存，互有消长。著者在提到二者时并无偏袒：改造趣味，可以蓬皮杜中心为典型；而多样化追求，则提到"费城学派"的路易斯·康——这是著者同时代的老系友——和文丘里。康的口号是"有主见的空间创造"，著者指出，"这肯定了建筑的艺术含义"；著者称赞康作为个人"是富有无畏、耿直、坦率精神的诗人和艺术家"。

著者在现代建筑方面的视野是开阔和全面的。他用了整整一章写城市规划问题——当代建筑理论的中心问题。综合了若干个体的城市，如无整体观念，就不能正确处理任何一个局部：广场、单体建筑、道路、绿化等等。他列举了近代城市规划理论（它们主要是针对大城市人口集中的弊病提出的药方）如：英国的花园城市和新城建设、美国的邻里单位、苏联的小区规划等等。1978年，国际新建筑会议在秘鲁发表《马丘比丘宪章》（*Machu-Picchu Charter*），"强调建筑必须考虑人的因素，要结合大自然，结合生态学；要和污染、丑陋、乱用土地和乱用资源做斗争"。对现代建筑的任务提出新见解,具有指导性的纲领作用。

美国建筑评论家克赖斯东(Craston)说过:"建筑是唯一涉及每一个人的艺术。"今天,能够离开建筑面生活的人大概极为罕见了。建筑是人创造的,而人类因此又改变了自己的习性和体质,依赖于人工环境的存在。任何人都关心自己的住房、工作场所、商店、街道,乃至城市、公园、名胜休息地,等等。现代建筑的范畴早已不是单纯可以由建筑师来解决问题的了。著者的愿望,除了对建筑界提供历史回顾和规律性的认识之外,也希望引起更多的人来注意建筑的发展,关心建筑问题的争论和动向,共同建设美好的生息环境。

就在本文的写作过程中,83岁高龄的童老不幸去世。这无疑是一个不可弥补的损失。童寯教授长年埋首学术,不求闻达,因此建筑界以外的人,了解他的生平和治学经历的人是很少的。

童先生与我国近代著名建筑家杨廷宝、梁思成、赵深,以及现在还健在的陈植先生等,都是20年代赴美国宾夕法尼亚大学建筑系留学的先后班同学。学生时期,童先生即以学业优异著称。1929年,童先生学成返国后,应梁思成、陈植先生的邀请赴东北大学建筑系任教。1931年起接替梁先生担任系主任。这个系尽管为时不长，但却培养出诸如张镈、刘致平、刘鸿典、郭毓麟等不少著名的建筑家。

"九一八"事变后，童先生到上海与赵深、陈植先生创办华盖建筑师事务所。童先生早年所受的虽是严格的古典形式训练，但他一生中却始终主张创新，反对复古，这是极为难能可贵的。童先生的创作，风格凝练而豪放。解放前他曾参加过前中央博物院（现南京博物院）的建筑方案竞赛，而荣膺优胜首奖的却居然是一个绝对复古的方案而摈斥了他的方案，童先生为此终身抱憾。在本书中，他对约凡方案和日内瓦国联大厦的议论，实在是感同身受，既是为柯布西耶抱屈，也不妨看作著者的夫子自道。

童先生对于祖国古代的文化遗产极为珍视。早在30年代，他便曾独自一人调查江南园林，用步测画下了重要园林平面，积累了大量宝贵资料，写成了《江南园林志》一书。对于欧洲的古代建筑，他的造诣也颇深。在古今中外的建筑方面，他的知识之渊博是非常罕有的。他是真正的大师和泰斗。这只要读一读本书的附注，就可略窥一斑。

建国30多年来，他一直在南京工学院任教，常年徒步往返10里到校工作，他一生淡泊朴素，每天坐在阅览室中固定的座位上埋头阅读研究各国建筑书刊，并辛勤摘记，做了大量笔记和索引。他的襟怀有如光风霁月,他把融汇着自己心血的笔记和索引,陈列在阅览室中任人随意利用检索。对于我们这些学子,他答疑解惑,阅文改稿,从无倦色。失去了这样一位可亲可敬的师长,作为他的学生,我不能不感到由衷的悲痛。

童老治学有着广泛的兴趣和宏大的计划,他一生积累的素材,只是在近几年才开始着手整理。党的三中全会以来的大好形势,激发了他的写作欲望,他的文章有如不竭的泉水一样奔涌而出。可惜,死神赶在了他的前面,这位倔强的老人没有来得及完成自己的计划就与世长辞了。他在生命的最后一段时间里,仍然克制病痛的折磨赶写文章的情景,至今犹历历如在目前。

《新建筑与流派》是一本歌颂新生事物、歌颂建筑史上的先驱人物的书,而著者童老自己正是在中国探索新建筑道路的先驱人物之一。这篇粗陋的文章,既是为了使更多的人理解其著作旨趣,事业与理想,也是为了对尊敬的童寯老师表示纪念。

郭湖生

(本文原发表于《读书》1984年第6期)

国家新闻出版广电总局
首届向全国推荐中华优秀传统文化普及图书

大家小书书目

国学救亡讲演录	章太炎 著 蒙木 编
门外文谈	鲁迅 著
经典常谈	朱自清 著
语言与文化	罗常培 著
习坎庸言校正	罗庸 著 杜志勇 校注
鸭池十讲（增订本）	罗庸 著 杜志勇 编订
古代汉语常识	王力 著
国学概论新编	谭正璧 编著
文言尺牍入门	谭正璧 著
日用交谊尺牍	谭正璧 著
敦煌学概论	姜亮夫 著
训诂简论	陆宗达 著
金石丛话	施蛰存 著
常识	周有光 著 叶芳 编
文言津逮	张中行 著
经学常谈	屈守元 著
国学讲演录	程应镠 著
英语学习	李赋宁 著
中国字典史略	刘叶秋 著
语文修养	刘叶秋 著
笔祸史谈丛	黄裳 著
古典目录学浅说	来新夏 著
闲谈写对联	白化文 著
汉字知识	郭锡良 著
怎样使用标点符号（增订本）	苏培成 著
汉字构型学讲座	王宁 著

诗境浅说	俞陛云 著	
唐五代词境浅说	俞陛云 著	
北宋词境浅说	俞陛云 著	
南宋词境浅说	俞陛云 著	
人间词话新注	王国维 著	滕咸惠 校注
苏辛词说	顾 随 著	陈 均 校
诗论	朱光潜 著	
唐五代两宋词史稿	郑振铎 著	
唐诗杂论	闻一多 著	
诗词格律概要	王 力 著	
唐宋词欣赏	夏承焘 著	
槐屋古诗说	俞平伯 著	
词学十讲	龙榆生 著	
词曲概论	龙榆生 著	
唐宋词格律	龙榆生 著	
楚辞讲录	姜亮夫 著	
读词偶记	詹安泰 著	
中国古典诗歌讲稿	浦江清 著 浦汉明 彭书麟 整理	
唐人绝句启蒙	李霁野 著	
唐宋词启蒙	李霁野 著	
唐诗研究	胡云翼 著	
风诗心赏	萧涤非 著	萧光乾 萧海川 编
人民诗人杜甫	萧涤非 著	萧光乾 萧海川 编
唐宋词概说	吴世昌 著	
宋词赏析	沈祖棻 著	
唐人七绝诗浅释	沈祖棻 著	
道教徒的诗人李白及其痛苦	李长之 著	
英美现代诗谈	王佐良 著	董伯韬 编
闲坐说诗经	金性尧 著	
陶渊明批评	萧望卿 著	

古典诗文述略	吴小如 著	
诗的魅力		
——郑敏谈外国诗歌	郑　敏 著	
新诗与传统	郑　敏 著	
一诗一世界	邵燕祥 著	
舒芜说诗	舒　芜 著	
名篇词例选说	叶嘉莹 著	
汉魏六朝诗简说	王运熙 著	董伯韬 编
唐诗纵横谈	周勋初 著	
楚辞讲座	汤炳正 著	
	汤序波　汤文瑞 整理	
好诗不厌百回读	袁行霈 著	
山水有清音		
——古代山水田园诗鉴要	葛晓音 著	
红楼梦考证	胡　适 著	
《水浒传》考证	胡　适 著	
《水浒传》与中国社会	萨孟武 著	
《西游记》与中国古代政治	萨孟武 著	
《红楼梦》与中国旧家庭	萨孟武 著	
《金瓶梅》人物	孟　超 著	张光宇 绘
水泊梁山英雄谱	孟　超 著	张光宇 绘
水浒五论	聂绀弩 著	
《三国演义》试论	董每戡 著	
《红楼梦》的艺术生命	吴组缃 著	刘勇强 编
《红楼梦》探源	吴世昌 著	
《西游记》漫话	林　庚 著	
史诗《红楼梦》	何其芳 著	
	王叔晖 图	蒙　木 编
细说红楼	周绍良 著	
红楼小讲	周汝昌 著	周伦玲 整理

曹雪芹的故事	周汝昌 著	周伦玲 整理
古典小说漫稿	吴小如 著	
三生石上旧精魂		
——中国古代小说与宗教	白化文 著	
《金瓶梅》十二讲	宁宗一 著	
中国古典小说十五讲	宁宗一 著	
古体小说论要	程毅中 著	
近体小说论要	程毅中 著	
《聊斋志异》面面观	马振方 著	
《儒林外史》简说	何满子 著	
我的杂学	周作人 著	张丽华 编
写作常谈	叶圣陶 著	
中国骈文概论	瞿兑之 著	
谈修养	朱光潜 著	
给青年的十二封信	朱光潜 著	
论雅俗共赏	朱自清 著	
文学概论讲义	老舍 著	
中国文学史导论	罗庸 著	杜志勇 辑校
给少男少女	李霁野 著	
古典文学略述	王季思 著	王兆凯 编
古典戏曲略说	王季思 著	王兆凯 编
鲁迅批判	李长之 著	
唐代进士行卷与文学	程千帆 著	
说八股	启功 张中行	金克木 著
译余偶拾	杨宪益 著	
文学漫识	杨宪益 著	
三国谈心录	金性尧 著	
夜阑话韩柳	金性尧 著	
漫谈西方文学	李赋宁 著	
历代笔记概述	刘叶秋 著	

周作人概观	舒芜 著	
古代文学入门	王运熙 著	董伯韬 编
有琴一张	资中筠 著	
中国文化与世界文化	乐黛云 著	
新文学小讲	严家炎 著	
回归,还是出发	高尔泰 著	
文学的阅读	洪子诚 著	
中国文学1949—1989	洪子诚 著	
鲁迅作品细读	钱理群 著	
中国戏曲	么书仪 著	
元曲十题	么书仪 著	
唐宋八大家 ——古代散文的典范	葛晓音 选译	
辛亥革命亲历记	吴玉章 著	
中国历史讲话	熊十力 著	
中国史学入门	顾颉刚 著	何启君 整理
秦汉的方士与儒生	顾颉刚 著	
三国史话	吕思勉 著	
史学要论	李大钊 著	
中国近代史	蒋廷黻 著	
民族与古代中国史	傅斯年 著	
五谷史话	万国鼎 著	徐定懿 编
民族文话	郑振铎 著	
史料与史学	翦伯赞 著	
秦汉史九讲	翦伯赞 著	
唐代社会概略	黄现璠 著	
清史简述	郑天挺 著	
两汉社会生活概述	谢国桢 著	
中国文化与中国的兵	雷海宗 著	
元史讲座	韩儒林 著	

魏晋南北朝史稿	贺昌群	著
汉唐精神	贺昌群	著
海上丝路与文化交流	常任侠	著
中国史纲	张荫麟	著
两宋史纲	张荫麟	著
北宋政治改革家王安石	邓广铭	著
从紫禁城到故宫 ——营建、艺术、史事	单士元	著
春秋史	童书业	著
明史简述	吴晗	著
朱元璋传	吴晗	著
明朝开国史	吴晗	著
旧史新谈	吴晗 著 习之 编	
史学遗产六讲	白寿彝	著
先秦思想讲话	杨向奎	著
司马迁之人格与风格	李长之	著
历史人物	郭沫若	著
屈原研究（增订本）	郭沫若	著
考古寻根记	苏秉琦	著
舆地勾稽六十年	谭其骧	著
魏晋南北朝隋唐史	唐长孺	著
秦汉史略	何兹全	著
魏晋南北朝史略	何兹全	著
司马迁	季镇淮	著
唐王朝的崛起与兴盛	汪篯	著
南北朝史话	程应镠	著
二千年间	胡绳	著
论三国人物	方诗铭	著
辽代史话	陈述	著
考古发现与中西文化交流	宿白	著
清史三百年	戴逸	著

清史寻踪	戴　逸　著
走出中国近代史	章开沅　著
中国古代政治文明讲略	张传玺　著
艺术、神话与祭祀	张光直　著
	刘　静　乌鲁木加甫　译
中国古代衣食住行	许嘉璐　著
辽夏金元小史	邱树森　著
中国古代史学十讲	瞿林东　著
历代官制概述	瞿宣颖　著
宾虹论画	黄宾虹　著
中国绘画史	陈师曾　著
和青年朋友谈书法	沈尹默　著
中国画法研究	吕凤子　著
桥梁史话	茅以升　著
中国戏剧史讲座	周贻白　著
中国戏剧简史	董每戡　著
西洋戏剧简史	董每戡　著
俞平伯说昆曲	俞平伯　著　陈　均　编
新建筑与流派	童　寯　著
论园	童　寯　著
拙匠随笔	梁思成　著　林　洙　编
中国建筑艺术	梁思成　著　林　洙　编
沈从文讲文物	沈从文　著　王　风　编
中国画的艺术	徐悲鸿　著　马小起　编
中国绘画史纲	傅抱石　著
龙坡谈艺	台静农　著
中国舞蹈史话	常任侠　著
中国美术史谈	常任侠　著
说书与戏曲	金受申　著
世界美术名作二十讲	傅　雷　著

中国画论体系及其批评	李长之 著	
金石书画漫谈	启 功 著	赵仁珪 编
吞山怀谷		
——中国山水园林艺术	汪菊渊 著	
故宫探微	朱家溍 著	
中国古代音乐与舞蹈	阴法鲁 著	刘玉才 编
梓翁说园	陈从周 著	
旧戏新谈	黄 裳 著	
民间年画十讲	王树村 著	姜彦文 编
民间美术与民俗	王树村 著	姜彦文 编
长城史话	罗哲文 著	
天工人巧		
——中国古园林六讲	罗哲文 著	
现代建筑奠基人	罗小未 著	
世界桥梁趣谈	唐寰澄 著	
如何欣赏一座桥	唐寰澄 著	
桥梁的故事	唐寰澄 著	
园林的意境	周维权 著	
万方安和		
——皇家园林的故事	周维权 著	
乡土漫谈	陈志华 著	
现代建筑的故事	吴焕加 著	
中国古代建筑概说	傅熹年 著	
简易哲学纲要	蔡元培 著	
大学教育	蔡元培 著	
	北大元培学院 编	
老子、孔子、墨子及其学派	梁启超 著	
春秋战国思想史话	嵇文甫 著	
晚明思想史论	嵇文甫 著	
新人生论	冯友兰 著	

中国哲学与未来世界哲学	冯友兰 著	
谈美	朱光潜 著	
谈美书简	朱光潜 著	
中国古代心理学思想	潘菽 著	
新人生观	罗家伦 著	
佛教基本知识	周叔迦 著	
儒学述要	罗庸 著	杜志勇 辑校
老子其人其书及其学派	詹剑峰 著	
周易简要	李镜池 著	李铭建 编
希腊漫话	罗念生 著	
佛教常识答问	赵朴初 著	
维也纳学派哲学	洪谦 著	
大一统与儒家思想	杨向奎 著	
孔子的故事	李长之 著	
西洋哲学史	李长之 著	
哲学讲话	艾思奇 著	
中国文化六讲	何兹全 著	
墨子与墨家	任继愈 著	
中华慧命续千年	萧萐父 著	
儒学十讲	汤一介 著	
汉化佛教与佛寺	白化文 著	
传统文化六讲	金开诚 著	金舒年 徐令缘 编
美是自由的象征	高尔泰 著	
艺术的觉醒	高尔泰 著	
中华文化片论	冯天瑜 著	
儒者的智慧	郭齐勇 著	
中国政治思想史	吕思勉 著	
市政制度	张慰慈 著	
政治学大纲	张慰慈 著	
民俗与迷信	江绍原 著	陈泳超 整理

政治的学问	钱端升 著 钱元强 编
从古典经济学派到马克思	陈岱孙 著
乡土中国	费孝通 著
社会调查自白	费孝通 著
怎样做好律师	张思之 著 孙国栋 编
中西之交	陈乐民 著
律师与法治	江 平 著 孙国栋 编
中华法文化史镜鉴	张晋藩 著
新闻艺术（增订本）	徐铸成 著
经济学常识	吴敬琏 著 马国川 编
中国化学史稿	张子高 编著
中国机械工程发明史	刘仙洲 著
天道与人文	竺可桢 著 施爱东 编
中国医学史略	范行准 著
优选法与统筹法平话	华罗庚 著
数学知识竞赛五讲	华罗庚 著
中国历史上的科学发明（插图本）	钱伟长 著

出版说明

"大家小书"多是一代大家的经典著作,在还属于手抄的著述年代里,每个字都是经过作者精琢细磨之后所拣选的。为尊重作者写作习惯和遣词风格、尊重语言文字自身发展流变的规律,为读者提供一个可靠的版本,"大家小书"对于已经经典化的作品不进行现代汉语的规范化处理。

提请读者特别注意。

北京出版社